安徽省高等学校"十三五"省级规划教材

对口招生大学系列
规划教材

经济应用数学
（三）
概率论与数理统计

主　编◎汪宏健
副主编◎梁文娟　高　珊　王　振
编　委◎（按姓氏笔画排序）
　　　　王　振　包妍平　卢维学　许　贝
　　　　宋　汨　汪宏健　周宗好　洪　沆
　　　　秦　晶　高　珊　梁文娟　彭修远
　　　　鲍志晖

北京师范大学出版集团
BEIJING NORMAL UNIVERSITY PUBLISHING GROUP
安徽大学出版社

图书在版编目(CIP)数据

经济应用数学. 三, 概率论与数理统计/汪宏健主编. —合肥: 安徽大学出版社,
2019.8
对口招生大学系列规划教材
ISBN 978-7-5664-1885-2

Ⅰ. ①经… Ⅱ. ①汪… Ⅲ. ①经济数学－高等学校－教材②概率论－高等学校－教材③数理统计－高等学校－教材 Ⅳ. ①F224.0②O21

中国版本图书馆 CIP 数据核字(2019)第 118600 号

经济应用数学(三)　概率论与数理统计　汪宏健 主编

出版发行：	北京师范大学出版集团
	安 徽 大 学 出 版 社
	(安徽省合肥市肥西路 3 号 邮编 230039)
	www.bnupg.com.cn
	www.ahupress.com.cn
印　　刷：	安徽昶颉包装印务有限责任公司
经　　销：	全国新华书店
开　　本：	170mm×240mm
印　　张：	12.5
字　　数：	249 千字
版　　次：	2019 年 8 月第 1 版
印　　次：	2019 年 8 月第 1 次印刷
定　　价：	38.00 元

ISBN 978-7-5664-1885-2

策划编辑：刘中飞　杨　洁　张明举	装帧设计：李　军
责任编辑：张明举	美术编辑：李　军
责任印制：赵明炎	

版权所有　侵权必究

反盗版、侵权举报电话：0551 - 65106311
外埠邮购电话：0551 - 65107716
本书如有印装质量问题，请与印制管理部联系调换。
印制管理部电话：0551 - 65106311

编审委员会名单

(按姓氏笔画排序)

王圣祥(滁州学院)
王家正(合肥师范学院)
叶　飞(铜陵学院)
宁　群(宿州学院)
刘谢进(淮南师范学院)
余宏杰(安徽科技学院)
吴正飞(淮南师范学院)
张　海(安庆师范大学)
张　霞(合肥学院)
汪宏健(黄山学院)
周本达(皖西学院)
赵开斌(巢湖学院)
梅　红(蚌埠学院)
盛兴平(阜阳师范大学)
董　毅(蚌埠学院)
谢广臣(蒙城建筑工业学校)
谢宝陵(安徽文达信息工程学院)
潘杨友(池州学院)

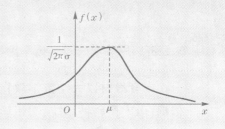

总　序

2014 年 6 月，国务院印发《国务院关于加快发展现代职业教育的决定》，提出引导一批普通本科高校向应用技术型高校转型，并明确了地方院校要"重点举办本科职业教育". 2019 年中共中央、国务院印发《中国教育现代化 2035》，明确提出推进中等职业教育和普通高中教育协调发展，持续推动地方本科高等学校转型发展. 地方本科院校转型发展，培养应用型人才，是国家对高等教育做出的战略调整，是我国本世纪中叶以前完成优良人力资源积累并实现跨越式发展的重大举措.

安徽省应用型本科高校面向中职毕业生对口招生已经实施多年. 在培养对口招生本科生过程中，各高校普遍感到这类学生具有明显不同于普高生的特点，学校必须改革原有的针对普高生的培养模式，特别是课程体系. 2017 年 12 月，由安徽省教育厅指导、安徽省应用型本科高校联盟主办的对口招生专业通识教育课程教学改革研讨会在安徽科技学院举行，会议围绕对口招生专业大学英语、高等数学课程教学改革、课程标准研制、教材建设等议题，开展专题报告和深入研讨. 会议决定，由安徽科技学院、宿州学院牵头，联盟各高校协作，研制出台对口招生专业高等数学课程标准，且组织对口招生专业高等数学课程教材的编写工作，并成立对口招生专业高等数学教材编审委员会.

本套教材以大学数学教指委颁布的最新高等数学课程教学基本要求为依据,由安徽科技学院、宿州学院、巢湖学院、阜阳师范大学、蚌埠学院、黄山学院等高校教师协作编写.本套教材共6册,包括《工程应用数学(一) 微积分》《工程应用数学(二) 线性代数》《工程应用数学(三) 概率论与数理统计》《经济应用数学(一) 微积分》《经济应用数学(二) 线性代数》和《经济应用数学(三) 概率论与数理统计》. 2018年,本套教材通过安徽省应用型本科高校联盟对口招生专业高等数学教材编审委员会的立项与审定,且被安徽省教育厅评为安徽省高等学校"十三五"省级规划教材(项目名称:应用数学,项目编号:2017ghjc177)(皖教秘高〔2018〕43号).

本套教材按照本科教学要求,参照中职数学教学知识点,注重中职教育与本科教育的良好衔接,结合对口招生本科生的基本素质、学习习惯与信息化教学趋势,编写老师充分吸收国内现有的工程类应用数学以及经济管理类应用数学教材的长处,对传统的教学内容和结构进行了整合.本套教材具有如下特色:

1. 注重数学素养的养成.本套教材体现了几何观念与代数方法之间的联系,从具体概念抽象出公理化的方法以及严谨的逻辑推证、巧妙的归纳综合等,对于强化学生的数学训练,培养学生的逻辑推理和抽象思维能力、空间直观和想象能力,以及对数学素养的养成等方面具有重要的作用.

2. 注重基本概念的把握.为了帮助学生理解学习,编者力求从一些比较简单的实际问题出发,引出基本概念.在教学理念上不强调严密论证与研究过程,而要求学生理解基本概念并加以应用.

3. 注重运算能力的训练.本套教材剔除了一些单纯技巧性和难度较大的习题,配有较大比例的计算题,目的是让学生在理解基本概念的基础上掌握一些解题方法,熟悉计算过程,从而提高运算能力.

4. 注重应用能力的培养.每章内容都有相关知识点的实际应用题,以培养学生应用数学方法解决实际问题的意识,掌握解决问题的方法,提高解决问题的能力.

5. 注重学习兴趣的激发.例题和习题注意与专业背景相结合,增添实用性和趣味性的应用案例.每章内容后面都有相关的数学文化拓展阅读,一方面是对所学知识进行补充,另一方面是提高学生的学习兴趣.

本套教材适用于对口招生本科层次的学生,可以作为应用型本、专科学生的教学用书,亦可供工程技术以及经济管理人员参考选用.

安徽省应用型本科高校联盟2009年就出台了《高校联盟教学资源共建共享若干意见》,安徽省教育厅李和平厅长多次强调"要解决好课程建设与培养目标适切性问题,要加强应用型课程建设",储常连副厅长反复要求向应用型转型要落实到课程层面.这套教材的面世,是安徽省应用型本科高校联盟落实安徽省教育厅要求,深化转型发展的具体行动,也是安徽省应用型本科高校联盟的物化成果之一.

针对培养对口招生本科人才,编写教材还是首次尝试,不尽如意之处在所难免,但有安徽省应用型本科高校联盟的支持,有联盟高校共建共享的机制,只要联盟高校在使用中及时总结,不断完善,一定能将这套教材打造成为应用型教材的精品,在向应用型高校的转型发展、从"形似"到"神似"上,不仅讲好"安徽故事",而且拿出"安徽方案".

编审委员会
2019年3月

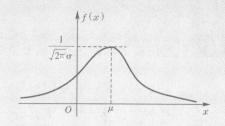

前 言

随着国家经济政策的调整,为了适应社会对人才的需求,同时也为促进中等职业教育的发展,满足职高学生升学深造和报效社会的需要,国家出台了面向职业高中毕业生的对口招生考试制度,近年来发展很快。作为研究随机规律的课程《概率论与数理统计》有着极强的应用背景,掌握其基本知识和应用能力是每一个大学生的基本素质,对口招生的大学生也不例外。根据当前对口招生的大学生的知识结构,编者结合多年来的教学实践,编写了这本既体现随机数学思想,又适应对口本科管理类专业大学生学习的《概率与数理统计》教材。

我们在教材编写过程中渗透了两项教改思路:一是各章节中精选与实际应用背景密切结合的课堂例题;二是注重理论体系的清晰和简洁,力求与现代化接轨,与大数据时代发展对随机数学的要求接轨。作为以对口本科为主的公共基础课程,拟着重叙述其数学机理和应用背景,既注重概念和理论的自然引进、逐步深入,又力求联系应用实际,结合当前强势学科的特色。在内容叙述上考虑了对口本科学生易于接受的形式,力求直观,提高可读性,其理论阐述的深度应使学生不至于望而却步,又能较准确地把握其知识结构,尽量做到内容完整,篇幅不增,并考虑与实际应用的衔接。

本书是安徽省应用型高校联盟共建的教材.安徽省应用型高校联盟对口招生教学指导数学编审委员会审定了本课程的课程标准与教材编写提纲.本书由黄山学院数学与统计学院汪宏健院长担任主编,由黄山学院梁文娟、阜阳师范大学高珊、安徽文达信息工程学院王振担任副主编.汪宏健、周宗好、梁文娟三位老师对全书进行了统稿审读。

由于编者水平有限和时间仓促,难免出错,不妥之处,欢迎批评、指正。

编 者

2019 年 3 月

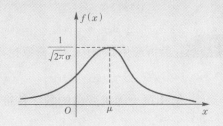

目 录

第1章 随机事件与概率 ……………………………………… 1

  1.1 随机事件及其运算 …………………………………… 1

  1.2 随机事件的概率 ……………………………………… 7

  1.3 条件概率与全概率公式 ……………………………… 15

  1.4 事件的独立性 ………………………………………… 21

  复习题1 …………………………………………………… 28

第2章 随机变量及其概率分布 ……………………………… 31

  2.1 随机变量及其分布函数 ……………………………… 31

  2.2 离散型随机变量及其分布律 ………………………… 35

  2.3 连续型随机变量及其概率密度 ……………………… 43

  2.4 随机变量函数的分布 ………………………………… 50

  复习题2 …………………………………………………… 55

第3章 多维随机变量及其分布 ……………………………… 57

  3.1 二维随机变量 ………………………………………… 58

  3.2 边缘分布 ……………………………………………… 63

  3.3 随机变量的独立性 …………………………………… 68

  3.4 多维随机变量的函数的分布 ………………………… 73

  复习题3 …………………………………………………… 78

第4章 随机变量的数字特征 …… 81

4.1 数学期望 …… 82
4.2 方差 …… 87
4.3 协方差、相关系数与矩 …… 92
复习题 4 …… 96

第5章 大数定律与中心极限定理 …… 98

5.1 大数定律 …… 99
5.2 中心极限定理 …… 102
复习题 5 …… 106

第6章 数理统计基础 …… 107

6.1 总体与随机样本 …… 107
6.2 统计量及其分布 …… 108
6.3 样本数据的描述性分析 …… 118
复习题 6 …… 121

第7章 参数估计 …… 123

7.1 点估计 …… 124
7.2 估计量的评选标准 …… 129
7.3 正态总体参数的区间估计 …… 130
复习题 7 …… 138

第8章 假设检验 …… 140

8.1 假设检验的思想与方法 …… 140
8.2 正态总体均值的假设检验 …… 147
8.3 正态总体方差的假设检验 …… 155
8.4 总体分布假设的 χ^2 检验 …… 163
复习题 8 …… 167

附 表 …… 170

参考文献 …… 186

第1章 随机事件与概率

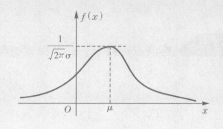

【学习目标】
1. 理解样本空间、随机事件等相关概念,熟练掌握随机事件的关系和运算;
2. 理解概率与频率的区别与联系,掌握概率的定义、性质及应用;
3. 理解并会运用条件概率、乘法公式、全概率公式及贝叶斯公式;
4. 理解随机事件独立性的概念,会利用事件独立性进行概率计算;
5. 理解伯努利概型的含义,并能利用它计算实际问题的概率.

概率论是数学的一个重要分支,它是研究随机现象统计规律性的一门学科,是近代数学的重要组成部分,其广泛应用于经济、社会、管理及科技工程各个领域,掌握好其理论及应用是从事这些领域研究工作的必备工具. 本章将阐明随机事件及其概率这两个概念,介绍随机事件概率的基本计算方法,并且通过学习古典概型和几何概型掌握概率的性质,通过理解条件概率的概念,学会用全概率公式、贝叶斯公式进行概率计算.

§1.1 随机事件及其运算

1.1.1 随机现象及其统计规律性

自然界和人类社会发生的现象大体上可以归结为两类:一类

为确定性现象. 它在一定的条件下必然发生, 例如, 在一个标准大气压下, 温度达到 100 ℃ 时, 水必沸腾; 同性的电荷必相互排斥, 等等. 另一类是事先无法预言其结果的, 即使在相同的条件下重复进行观察, 其结果也未必相同, 例如, 抛掷一枚均匀的硬币, 结果是正面向上还是反面向上; 某电话交换台单位时间内可能接到的呼唤次数等. 这类现象在观察后才能知道它的结果, 事先由于它出现哪个结果是不确定的, 从而无法预言, 我们称之为随机现象. 随机现象无法预言其结果, 它是不是就无规律可循呢? 事实并非如此, 人们通过长期观察或试验, 发现所谓不可预言只是对一次或少数几次观察或试验而言, 若在相同条件下进行大量的观察或试验时, 这些随机现象将呈现出某种规律性, 因而从总体上讲也是可以预言的, 例如, 根据各个国家各时期的人口统计资料, 受孕胎儿中男孩和女孩的比例约各占一半; 抛掷一枚质地均匀的硬币相当多次以后, 就会发现出现正面和反面次数的比例大约总是 1∶1, 这种在大量重复试验或观察中所呈现出的固有规律性, 我们称之为随机现象的统计规律性.

作为研究随机现象统计规律性的学科, 概率论的理论和方法几乎应用于所有科学社会经济、工程技术、管理等各个领域, 例如使用概率统计方法可以进行气象预报、水文预报及地震预报, 产品的抽样验收; 在研制新产品时, 为寻求最佳生产方案, 可以进行试验设计和数据处理; 在通信工程中可以提高信号的抗干扰性和分辨率, 等等.

1.1.2 随机试验与随机事件

为了叙述方便起见, 我们把对一定条件下的自然现象或社会现象的观察或实验, 都统称为一次试验. 每次试验都具备以下三个特征:

(1) 它可以在相同的条件下重复进行;

(2) 每次试验的可能结果不止一个, 而究竟出现哪个结果, 试验前不能准确地预言;

(3) 试验中一切可能的结果在试验前是已知的, 而且每次试验中必有一个结果出现, 也仅有一个结果出现.

以下举一些例子来说明:

 1.1.1 抛掷一枚硬币, 观察是正面还是反面朝上.

例 1.1.2 掷一粒骰子,观察它们出现的点数.

例 1.1.3 在一批灯泡里,任意取一只,测试它的寿命.

例 1.1.4 统计电话交换台一小时内接到的呼叫次数.

例 1.1.5 观察某种昆虫一次产卵的个数.

把随机试验中,可能发生但不一定发生的事情,称为随机事件,简称为事件,通常用大写字母 A,B,C,…表示,而把试验中每一个可能结果称为基本事件.**基本事件**是不能分解成其他事件组合的最简单的随机事件.例如,掷一颗骰子的试验中,其出现的点数,"1 点"、"2 点"、…、"6 点"都是基本事件."奇数点"也是随机事件,但它不是基本事件,它由"1 点"、"3 点"、"5 点"这三个基本事件组成,只要这三个基本事件中的一个发生,"奇数点"这个事件就发生.

每次试验中一定发生的事情称为必然事件,记作 Ω;而必然不发生的事情,叫作不可能事件,记作 $\varnothing$. 例如在上面提到的掷骰子试验中,"点数小于 7"是必然事件,必然事件与不可能事件都属确定性现象,为了今后研究方便,把它们看作为随机事件的两个极端情况.

1.1.3 样本空间

随机试验的所有可能结果即基本事件的全体集合叫作样本空间,记作 Ω,而把 Ω 中的每一个基本事件记作 ω,也叫作**样本点**,这样试验中的任一随机事件都是其样本空间 Ω 中的某些样本点所组成的集合,因而,它是 Ω 的子集. 于是,从集合论的角度来看,可以定义随机事件如下:

定义 1.1.1 由样本空间的某些样本点组成的集合称为随机事件.

例 1.1.6 若某电话交换台,单位时间内可能接到的呼唤次数是 $0,1,2,\cdots$,用 ω_i 表示接到 i 次呼唤的事件,则样本空间 Ω 由可列无限多个样本点组成,即 $\Omega = \{\omega_0, \omega_1, \omega_2, \cdots\}$,若把"单位时间接到呼唤不超过 20 次"这

一事件记为 B,则
$$B = \{\omega_0, \omega_1, \cdots, \omega_{20}\}$$
是 Ω 的子集.

 1.1.7 若某河流夏季的最高水位是在 $3\,\mathrm{m}$ 到 $5\,\mathrm{m}$ 之间,则样本空间为 3 到 5 内的一切实数所成的集合,即 $\Omega = \{X \mid 3 \leqslant X \leqslant 5\}$. 若把"夏季最高水位在 $3.5\,\mathrm{m}$ 与 $4\,\mathrm{m}$ 之间"这一事件记为 C,则
$$C = \{X \mid 3.5 \leqslant X \leqslant 4\}$$
是 Ω 的子集.

1.1.4 事件的关系与运算

事件是一个集合,因而事件间的关系与运算自然按照集合间的关系与运算来处理,下面根据事件发生的含义,给出事件的关系与运算在概率论中的含义.

设 $A, B, A_k (k = 1, 2, \cdots)$ 为同一个样本空间 Ω 中的事件.

(1) 事件的包含与相等:"事件 A 出现必然导致事件 B 出现",则称事件 B 包含事件 A 或称 A 是 B 的子事件,记为
$$A \subset B \text{(或 } B \supset A\text{)}$$
例如,对任一事件 A,$\varnothing \subset A, A \subset \Omega$.

如果事件 A 包含事件 B,同时事件 B 也包含事件 A,即 $B \subset A$ 和 $A \subset B$ 同时成立,则称事件 A 与 B 相等,记为 $A = B$.

(2) 事件的和:"事件 A 与 B 中至少有一个出现"的事件,称为事件 A 与 B 的和事件,记作 $A \cup B$.

类似地,将"事件 $A_1, A_2, \cdots, A_n$ 中至少有一个出现"的事件,称为事件 $A_1, A_2, \cdots, A_n$ 的和事件,记作
$$A_1 \cup A_2 \cup \cdots \cup A_n \text{ 或 } \bigcup_{i=1}^{n} A_i.$$

进一步,"可列个事件 $A_1, A_2, \cdots$ 中至少有一个出现"的事件,称为事件 $A_1, A_2, \cdots$ 的和事件,记为
$$A_1 \cup A_2 \cup \cdots \text{ 或 } \bigcup_{i=1}^{\infty} A_i.$$

(3) 事件的积:"两事件 A 与 B 同时发生"的事件,称为事件 A 与 B 的积事件,记作 $A \cap B$ 或记为 AB.

类似地"事件 $A_1, A_2, \cdots, A_n$ 同时出现"的事件,称为事件 $A_1, A_2, \cdots, A_n$ 的积事件,记作

$$A_1 \cap A_2 \cap \cdots \cap A_n \text{ 或 } \bigcap_{i=1}^{n} A_i.$$

进一步,"可列个事件 $A_1, A_2, \cdots$ 同时出现"的事件,称为事件 $A_1, A_2, \cdots$ 的积事件,记为

$$A_1 \cap A_2 \cap \cdots \text{ 或 } \bigcap_{i=1}^{\infty} A_i.$$

(4) 事件的差:"事件 A 发生但事件 B 不发生"的事件,称为事件 A 与 B 的差事件,记作 $A-B$ 或 $A \backslash B$.

(5) 事件的互斥:"事件 A 与 B 不能同时出现",即 $A \cap B = \varnothing$,则称事件 A 与 B 互斥或互不相容.通常将这样的两事件的和,记作 $A+B$.

如果 n 个事件 $A_1, A_2, \cdots, A_n$ 两两互斥,即 $A_i \cap A_j = \varnothing, (i \neq j; i, j = 1, 2, \cdots, n)$,则将 $A_1 \cup A_2 \cup \cdots \cup A_n$ 记作 $\sum_{i=1}^{n} A_i$.

如果可列 n 个事件 $A_1, A_2, \cdots$,两两互斥,则将 $A_1 \cup A_2 \cup \cdots$ 记作 $\sum_{i=1}^{\infty} A_i$.

(6) 事件的逆:"事件 A 与 B 中必有一个出现,而又不能同时出现",即 $A \cup B = \Omega, A \cap B = \varnothing$ 同时成立,则称 A 是 B 的逆事件或对立事件,或 B 是 A 的逆事件,也称事件 A 与 B 互逆或相互对立.

人们注意到,随机试验的所有基本事件都是两两互斥的,因为每次试验只能出现一个结果,任何两个不同结果都不能同时出现,但基本事件彼此未必互为逆事件,因此,互斥未必互逆,但互逆必定互斥.

用文氏图可直观地表示以上事件之间的关系与运算,如图 1.1.1 所示.

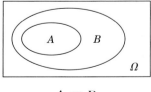

$A \subset B$

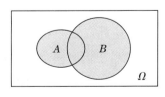

$A \cup B$

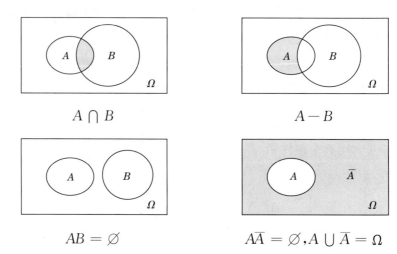

图 1.1.1 文氏图

进行事件运算时,常用下列性质. 设 $A,B,C,A_k(k=1,2,\cdots)$ 均为事件,则有:

交换律 $A \cup B = B \cup A, A \cap B = B \cap A$;

结合律 $(A \cup B) \cup C = A \cup (B \cup C), (AB)C = A(BC)$;

分配律 $A(B \cup C) = AB \cup AC, A \cup (BC) = (A \cup B)(A \cup C)$;

对偶律(De Morgan 律) $\overline{A \cup B} = \overline{A} \cap \overline{B}, \overline{A \cap B} = \overline{A} \cup \overline{B}$.

推广到多个事件及可列个事件:

$$\overline{\bigcup_{i=1}^{n} A_i} = \bigcap_{i=1}^{n} \overline{A_i}, \quad \overline{\bigcup_{i=1}^{+\infty} A_i} = \bigcap_{i=1}^{+\infty} \overline{A_i}$$

$$\overline{\bigcap_{i=1}^{n} A_i} = \bigcup_{i=1}^{n} \overline{A_i}, \quad \overline{\bigcap_{i=1}^{+\infty} A_i} = \bigcup_{i=1}^{+\infty} \overline{A_i}$$

例 1.1.8 设 A,B,C 是三个事件,试用 A,B,C 的运算关系,表示下列事件;

(1) A 发生而 B 与 C 都不发生;

(2) A 与 B 都发生而 C 不发生;

(3) A、B、C 中恰有一个发生;

(4) A、B、C 中不多于一个发生;

(5) A、B、C 中至少有一个发生.

解 可以借助于文氏图来直观地给出如下:

(1) $A\bar{B}\bar{C}$;

(2) $AB\bar{C}$;

(3) $AB\bar{C} + \bar{A}B C + \bar{A}\bar{B}C$;

(4) $BC \cup CA \cup AB$,或 $ABC + \bar{A}BC + A\bar{B}C + AB\bar{C}$;

(5) $A \cup B \cup C$,或 $A\bar{B}\bar{C} + \bar{A}B\bar{C} + \bar{A}\bar{B}C + \bar{A}BC + A\bar{B}C + AB\bar{C} + ABC$,或 $\overline{\bar{A}\bar{B}\bar{C}}$.

§1.2 随机事件的概率

随机事件在一次试验中的发生具有偶然性,其随机性的一面正是我们概率论的研究对象;通过大量重复试验人们还是发现它具有一定的规律性.人们希望找到一个合适的数来表示事件在一次试验中出现的可能性大小.用以度量随机事件出现的可能性大小的数字,称为事件的概率.

1.2.1 概率的统计定义

先引入频率的概念,它描述了事件出现的频繁程度.

> **定义 1.2.1** 若事件 A 在相同条件下进行的 n 次试验中发生了 r 次,则称
> $$f_n(A) = \frac{r}{n}$$
> 为事件 A 在 n 次试验中出现的频率,称 r 为事件 A 在 n 次试验中出现的频数.

例 1.2.1 "抛硬币"这个试验,A 为"正面向上"的事件.将一枚硬币抛掷 5 次、50 次、500 次、…,这种试验前人也曾做过,得到如表 1.2.1 所示数据.从上述数据可以看出:首先,频率有随机波动性,即对于同样的试验次数,所得频率不尽相同;其次,试验次数较小时频率随机波动的幅度较大,但随着试验次数的增大,频率 $f_n(A)$ 呈现某种稳定性,它总是在 0.5 附近摆动,且逐渐稳定于 0.5.

表 1.2.1 德·摩根等频数试验表

实验者	n	r_A	$f_n(A)$
德·摩根	2048	1061	0.5181
蒲 丰	4040	2048	0.5069
皮尔逊	12000	6019	0.5016
皮尔逊	24000	12012	0.5005

频率具有以下三条性质：

(1) **非负性** 对任意事件 A，有 $f_n(A) \geqslant 0$.

(2) **规范性** $f_n(\Omega) = 1$.

(3) **可加性** 若事件 A 与 B 互不相容，则

$$f_n(A \cup B) = f_n(A) + f_n(B)$$

频率的非负性与规范性是显然的，而可加性只需注意到：当事件 A 与 B 互不相容时，$A \cup B$ 的频数必为 A 的频数与 B 的频数之和，即 $r(A \cup B) = r(A) + r(B)$，在此式两边同除以 n，即得可加性.

人们的长期实践表明：事件 A 发生的频率在某个常数附近摆动，随着试验重复次数 n 的不断增大，摆动的幅度越来越小，并逐渐稳定于这个常数，我们把频率的这种特性称为**频率的稳定性**，这个常数称为**频率的稳定值**，频率的稳定值反映了事件 A 在一次试验中发生的可能性大小，它就是事件 A 的概率. 例如，在"抛硬币"试验中，由表 1.2.1 可见，事件 $A \triangleq$ "出现正面"，则 A 的概率为 0.5，这与人们的直观判断是一致的. 然而，在实际问题中，我们不可能对每一个事件都重复做大量的试验，去寻求频率的稳定值，这就需要引入一个能够揭示概率本质属性的定义. 它是客观存在而且不会改变的，这种属性是可以对事件出现的可能性大小进行度量的客观基础.

1.2.2 概率的古典定义

所谓古典概型是指具有下列两个特征的简单随机试验.

1) 试验的可能结果只有有限个，且两两互斥；

2) 试验中每个基本事件出现的可能性相等.

具有以上两个特征的试验是大量存在的，它在概率论发展初期曾是主要

的研究对象,因此称之为古典概型.由于基本事件两两互不相容,所以对古典概型,我们有

$$1 = P(\Omega) = P(\bigcup_{i=1}^{n}\{\omega_i\}) = \sum_{i=1}^{n} P(\omega_i) = nP(\omega_i)$$

因此

$$P(\omega_i) = \frac{1}{n} (i = 1, 2, \cdots, n)$$

若事件 A 中包含 k 个基本事件.则有 $P(A) = \frac{k}{n}$.因此我们给出古典概型事件的概率定义：

定义 1.2.2 对于古典概型,设样本空间 Ω 包含 n 个基本事件,若任意事件 A 包含 Ω 中 r 个基本事件,则规定事件 A 的概率为

$$P(A) = \frac{r}{n} = \frac{\text{事件 } A \text{ 所包括的基本事件数}}{\text{基本事件总数}}$$

古典概型的概率计算举例.

例 1.2.2 在一批 100 件的产品中有 2 件次品,从这批产品中随机地取 3 件,求其中恰有 2 件次品的概率.

解 从 100 件产品中任取 3 件,不考虑顺序,有 C_{100}^3 种不同取法,每一种取法都是等可能的,故为古典概型,设 A 表示"任取 3 件中恰有 2 件次品"的事件,它可以认为从 98 件正品中任取一件,再从 2 件次品中取 2 件,搭配起来共有 $r = C_{98}^1 \cdot C_2^2$ 种不同取法,故有

$$P(A) = \frac{C_{98}^1 \cdot C_2^2}{C_{100}^3} = 0.0006$$

例 1.2.3 (盒子模型)有 3 个球,4 个盒子,球与盒子都是可以区分的.每个球都等可能地被放到 4 个盒子中的每一个,试求:(1)指定的 3 个盒子中各有一球的概率;(2)恰有 3 个盒子各有一球的概率.

解 3 个球的每一种放法是一个基本事件,这是古典概型.基本事件总数应该是 4 个盒子中取 3 个的重复排列数 4^3.

(1)记 A = "指定的 3 个盒子中各有一球",它所包含的基本事件数是指

定的 3 个盒子中 3 个球的全排列数 3!,故所求概率为

$$P(A) = \frac{3!}{4^3} = \frac{3}{32}$$

(2)记 $B=$"恰有 3 个盒子各有一球",它所包含的基本事件数是从 4 个盒子任取 3 个盒子的选排列数 A_4^3,故所求概率为

$$P(B) = \frac{A_4^3}{4^3} = \frac{3}{8}$$

例 1.2.4 两封信随机地向标号为 Ⅰ,Ⅱ,Ⅲ,Ⅳ 的四个邮筒投寄,求第二个邮筒恰好被投入一封信的概率.

解 设事件 A 表示第二个邮筒恰好被投入一封信.两封信随机地投入四个邮筒,共有 4^2 种等可能投法,而组成事件 A 的不同投法只有 $C_2^1 \cdot C_3^1$ 种,故有

$$P(A) = \frac{C_2^1 \cdot C_3^1}{4^2} = \frac{3}{8}$$

同样还可以计算出前两个邮筒中各有一封信的概率 $P(B)$,事实上,事件 B 即前两个邮筒中任选一个投入一封信,剩下的一封信投入剩下的邮筒,故有

$$P(B) = \frac{C_2^1}{4^2} = \frac{1}{8}$$

例 1.2.5 袋中有 a 个白球、b 个黑球,从袋中接连任意取出 $m(m \leqslant a+b)$ 个球,如每次取出的球不再放回去,求最后取出的是白球的概率.

解 据题意,取出的球要考虑球的排列次序,每取出 m 个排列好的球就构成一个基本事件,从 $a+b$ 个球中取出 m 个球有 A_{a+b}^m 种取法,最后取出的是白球,可以是 a 个白球中的任何一个,故有 a 种取法,其余 $m-1$ 可以从 $a+b-1$ 个球中任意取出,共有 A_{a+b-1}^{m-1} 种取法,因此,"取出的 m 个球中最后一个是白球"的事件 A 含有 $a \cdot A_{a+b-1}^{m-1}$ 个基本事件,于是有

$$P(A) = \frac{aA_{a+b-1}^{m-1}}{A_{a+b}^m} = \frac{a}{a+b}$$

值得注意的是,此结果与 m 无关.

1.2.3 概率的几何定义

概率的古典定义直观、简洁且便于计算，但仅局限于古典概型，对于试验有无限多个结果的情况就不适用了. 为此，人们尝试将这种概率计算方法拓广到试验结果有无限多个而又具有某种等可能性的场合，后来发现这类问题一般可以通过几何方法来解决. 因此称以下随机试验为**几何概型**：

（1）试验的样本空间 Ω 是直线上某个有限区间，或者是平面、空间上的某个度量有限的区域，从而 Ω 有无限多个样本点.

（2）每个样本点的发生具有某种等可能性.

下面给出几何概型事件的概率定义：

> **定义 1.2.3** 对于几何概型情况，设 A 为"向具有有限几何度量的区域 G 中任意掷一点，这点落在 $g(g \subset G)$ 内"的事件，则规定事件 A 的概率为
> $$P(A) = \frac{g \text{ 的几何度量}}{G \text{ 的几何度量}}$$

例 1.2.6 （约会问题）两人约定于 9 时到 10 时在某地会面，先到的等候 20 分钟，过时就离去，试求此两人能会面的概率.

解 以 x、y 分别表示两人到达的时刻，则
$$\{(x,y) \mid 0 \leqslant x \leqslant 1, 0 \leqslant y \leqslant 1\}$$

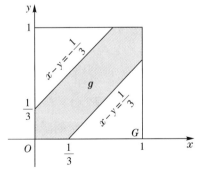

图 1.2.1　会面子集图

满足两不等式的点(x,y)构成边长为1的正方形G,那么,他们会面的充要条件为

$$|x-y| \leqslant \frac{1}{3}$$

这个条件决定了G中一子集g(图1.2.1).于是约会问题等价于向G中掷点,求点落入g内的概率,这是一个几何概率问题,于是得

$$P(A) = \frac{g\text{ 的面积}}{G\text{ 的面积}} = \frac{1-\left(\frac{2}{3}\right)^2}{1} = \frac{5}{9}$$

1.2.4 概率的公理化定义

不难验证,几何概率和古典概率也具有与统计概率类似的三条基本性质:
(1)非负性,对任何事件A,有$0 \leqslant P(A) \leqslant 1$;
(2)规范性,$P(\Omega) = 1, P(\Phi) = 0$;
(3)可列(完全)可加性,若$A_1, A_2, \cdots$,两两互斥,则

$$P\left(\sum_{n=1}^{\infty} A_n\right) = \sum_{n=1}^{\infty} P(A_n)$$

概率的前三种定义尽管内容不同,却有共同的属性(非负性、规范性、可加性),因此,自然想到,可以此为背景,提出一组公理,来给出概率的数学定义.

> **定义 1.2.4** 设随机试验的样本空间为Ω,如果对于每一事件$A \subset \Omega$,总有一实数$P(A)$与之对应,如此实值函数$P(A)$满足如下的三条公理:
>
> **公理 1** (非负性)对任一随机事件A,有$0 \leqslant P(A) \leqslant 1$;
>
> **公理 2** (规范性)$P(\Omega) = 1, P(\varnothing) = 0$;
>
> **公理 3** (完全可加性),对两两互斥的随机事件$A_1, A_2, \cdots$,有
>
> $$P\left(\sum_{i=1}^{\infty} A_i\right) = \sum_{i=1}^{\infty} P(A_i)$$
>
> 则称$P(A)$为事件A的概率.

1.2.5 概率的性质

由概率的公理化定义,可以推出概率的许多性质.

> **性质 1.2.1**(有限可加性) 设有限个事件,$A_1,A_2,\cdots,A_n$ 两两互斥(即 $A_iA_j=\varnothing,i\neq j,i,j=1,2,\cdots,n$),则
> $$P\left(\sum_{i=1}^n A_i\right)=\sum_{i=1}^n P(A_i)$$

证明 利用公理 3(完全可加性)中令 $A_{n+1}=A_{n+2}=\cdots=\varnothing$,再由公理 2 中的 $P(\varnothing)=0$,即得

$$\begin{aligned}P\left(\sum_{i=1}^n A_i\right)&=P\left(\sum_{i=1}^\infty A_i\right)=\sum_{i=1}^\infty P(A_i)\\&=P(A_1)+P(A_2)+\cdots+P(A_n)+0+\cdots\\&=\sum_{i=1}^n P(A_i)\end{aligned}$$

> **性质 1.2.2** 对任一事件 A,有
> $$P(\overline{A})=1-P(A)$$

证明 因为 $A+\overline{A}=\Omega,A\overline{A}=\varnothing$,故由公理 2 及性质 1.2.1 有
$$1=P(\Omega)=P(A+\overline{A})=P(A)+P(\overline{A}),$$
从而得
$$P(\overline{A})=1-P(A)$$

> **性质 1.2.3**(减法公式) $P(A-B)=P(A)-P(AB)$. 特别地,若 $A\supset B$,则
> $$P(A-B)=P(A)-P(B)$$

证明:由于 $A=AB\bigcup(A-B)$,又 $AB\bigcap(A-B)=\varnothing$,故由性质 1.2.1 有
$$P(A)=P(AB)+P(A-B)$$
于是得
$$P(A-B)=P(A)-P(AB)$$

当 $A \supset B$ 时，$P(AB) = P(B)$，即 $P(A-B) = P(A) - P(B)$.

性质 1.2.4（加法公式） 对任意两事件 A、B，有
$$P(A \cup B) = P(A) + P(B) - P(AB).$$

证明 由 $A \cup B = A \cup (B-AB)$

及 $A(B-AB) = \varnothing$，根据性质 1 得
$$P(A \cup B) = P(A) + P(B-AB)$$

因 $AB \subset B$，故由性质 3 有
$$P(B-AB) = P(B) - P(AB)$$

于是得
$$P(A \cup B) = P(A) + P(B) - P(AB).$$

一般地，可用归纳法证明对于 n 个事件 $A_1, A_2, \cdots, A_n$ 有一般加法公式
$$P(\bigcup_{i=1}^{n} A_i) = \sum_{i=1}^{n} P(A_i) - \sum_{1 \leq i < j \leq n} P(A_i A_j) + \cdots + (-1)^{n-1} P(A_1 A_2 \cdots A_n)$$

例 1.2.7 设事件 A, B 的概率分别为 $\frac{1}{3}$ 与 $\frac{1}{2}$，求在下列情况下 $P(B\overline{A})$ 的值.

(1) A 与 B 互斥；

(2) $A \subset B$；

(3) $P(AB) = \frac{1}{8}$.

解 (1) 由于 A 与 B 互斥，$B \subset \overline{A}$，所以 $B\overline{A} = B$，即得
$$P(B\overline{A}) = P(B) = \frac{1}{2};$$

(2) 当 $A \subset B$ 时，$P(B\overline{A}) = P(B-A) = P(B) - P(A) = \frac{1}{2} - \frac{1}{3} = \frac{1}{6}$；

(3) $P(B\overline{A}) = P(B) - P(AB) = \frac{1}{2} - \frac{1}{8} = \frac{3}{8}$.

§1.3 条件概率与全概率公式

1.3.1 条件概率

在实际问题中,除了要知道事件 A 的概率 $P(A)$ 外,往往还要知道在事件 B 出现条件下事件 A 出现的概率,人们称这种概率为事件 B 出现条件下事件 A 的条件概率,记为 $P(A \mid B)$.

例 1.3.1 掷一粒骰子,观察它出现的点数,设事件 A 为"点数不大于 3"的事件,事件 B 为"出现奇数点"的事件,现在来求已知事件 A 已经出现条件下,事件 B 出现的概率.

解 样本空间为 $\Omega = \{1,2,3,4,5,6\}$,A、B 作为 Ω 的子集,分别为 $A = \{1,2,3\}$,$B = \{1,3,5\}$,已知事件 A 已经发生,试验所有可能结果所成的集合就是 A,A 中共有 3 个元素,其中 $\{1,3\} \subset B$,于是在 A 出现条件下,B 出现的概率为:

$$P(B \mid A) = \frac{2}{3}$$

在求 $P(B \mid A)$ 时,是限制在 A 已经出现条件下考虑 B 出现的概率的,此时,样本空间已缩小到 $A = \{1,2,3\}$.

易知

$$P(A) = \frac{3}{6}, P(AB) = \frac{2}{6}$$

$$P(B \mid A) = \frac{2}{3} = \frac{2/6}{3/6}$$

故有

$$P(B \mid A) = \frac{P(AB)}{P(A)}.$$

对于一般古典概型问题,上述关系式仍然成立. 事实上设试验的基本事件总数为 n,A 所包含的基本事件数为 $m(m > 0)$,AB 所包含的基本事件数为 r,则有

$$P(B \mid A) = \frac{r}{m} = \frac{r/n}{m/n} = \frac{P(AB)}{P(A)}$$

这就启发了我们,一般地给出条件概率的定义如下:

> **定义 1.3.1** 设 Ω 为样本空间,A、B 是事件,且 $P(A) > 0$,在事件 A 出现条件下事件 B 出现的条件概率定义为
> $$P(B \mid A) = \frac{P(AB)}{P(A)}$$
> 不难验证,条件概率 $P(\cdot \mid A)$ 也满足概率定义中的三条公理,即
> (1) **非负性** 对于任一事件 B,有 $0 \leqslant P(B \mid A) \leqslant 1$;
> (2) **规范性** $P(\Omega \mid A) = 1, P(\emptyset \mid A) = 0$;
> (3) **完全可加性** 设 $B_1, B_2, \cdots$ 为两两互斥的事件,则有
> $$P(\sum_{i=1}^{\infty} B_i \mid A) = \sum_{i=1}^{\infty} P(B_i \mid A)$$

既然条件概率满足上述性质,故以上对概率所证明的一些重要结果都适用于条件概率,例如,对于任意两个事件 B_1, B_2 有

$$P(B_1 \cup B_2 \mid A) = P(B_1 \mid A) + P(B_2 \mid A) - P(B_1 B_2 \mid A)$$

1.3.2 乘法公式

由条件概率定义,立即可得

$$P(AB) = P(A)P(B \mid A) \quad (P(A) > 0)$$

上式被称为概率的乘法公式.

若 $P(B) > 0$,则有

$$P(A \mid B) = \frac{P(AB)}{P(B)},$$

因此,当 $P(A) > 0, P(B) > 0$ 时,有

$$P(AB) = P(A)P(B \mid A) = P(B)P(A \mid B)$$

乘法公式可以推广到有限多个事件的情况,例如,对于 A, B, C 三个事件,有

$$P(ABC) = P((AB)C) = P(AB)P(C \mid AB)$$
$$= P(A)P(B \mid A)P(C \mid AB) \quad (P(AB) > 0)$$

甚至可以推广到 n 个事件的乘法公式:

$$P(A_1 A_2 A_3 \cdots A_n) = P(A_1)P(A_2 \mid A_1)P(A_3 \mid A_1 A_2) \cdots$$
$$P(A_n \mid A_1 A_2 \cdots A_{n-1}), \quad (P(A_1 A_2 \cdots A_{n-1}) > 0).$$

1.3.2 设袋内有 $a(a\geqslant 2)$ 个白球、b 个黑球,从其中任意连取两个球,每次取出的球不放回,问两球都是白球的概率是多少?

解 设 A_i 表示"第 i 次取出白球"这一事件,$(i=1,2)$. 按题意要求 $P(A_1A_2)$,易知第一次取得白球的概率为

$$P(A_1) = \frac{C_a^1}{C_{a+b}^1} = \frac{a}{a+b} > 0$$

在第一次取得白球不放回的条件下,袋内只剩下 $a-1$ 个白球,故有

$$P(A_2 \mid A_1) = \frac{C_{a-1}^1}{C_{a+b-1}^1} = \frac{a-1}{a+b-1}$$

于是得

$$P(A_1A_2) = P(A_1)P(A_2 \mid A_1) = \frac{a}{a+b}\frac{a-1}{a+b-1}$$

 1.3.3 某人忘记了某银行卡密码的最末一位,该行规定每天最多允许输错三次,一旦输错三次就只能在 24 小时后解锁,求他输入不超过三次就能输对密码的概率.

解 记 $A=$"输入不超过三次就能输对密码",$A_i=$"第 i 次输对密码" $(i=1,2,3)$,则

$$A = A_1 + \overline{A}_1 A_2 + \overline{A}_1 \overline{A}_2 A_3$$

于是,所求概率为

$$\begin{aligned} P(A) &= P(A_1) + P(\overline{A}_1 A_2) + P(\overline{A}_1 A_2) + P(\overline{A}_1 \overline{A}_2 A_3) \\ &= P(A_1) + P(\overline{A}_1)P(A_2 \mid \overline{A}_1) + P(\overline{A}_1)P(\overline{A}_2 \mid \overline{A}_1)P(A_3 \mid \overline{A}_1 \overline{A}_2) \\ &= \frac{1}{10} + \frac{9}{10} \times \frac{1}{9} + \frac{9}{10} \times \frac{8}{9} \times \frac{1}{8} = \frac{3}{10}. \end{aligned}$$

1.3.3 全概率公式

在事件的概率计算中,总是希望能够通过简单事件的概率计算而得到复杂事件的概率,为了达到此目的,经常把一个复杂事件分解成若干两两互斥的较简单事件之和,然后再综合运用概率的加法公式和乘法公式,计算出所要求的概率.

随机事件是样本空间的子集,为了将事件分解,可先将样本空间进行划分.

定义 1.3.2 满足如下两条件的一组事件 $B_1, B_2, \cdots, B_n$,称为是样本空间 Ω 的一个划分:

(1) $B_i B_j = \varnothing, (i \neq j; i, j = 1, 2, \cdots, n)$

(2) $B_1 \bigcup B_2 \bigcup \cdots \bigcup B_n = \Omega$

经过简单推理即得到以下全概率公式.

定理 1.3.1 如果事件 $B_1, B_2, \cdots, B_n$ 构成样本空间的一个划分,且 $P(B_i) > 0, (i = 1, 2, \cdots, n)$,则对任一事件 A,有

$$P(A) = P(B_1)P(A \mid B_1) + P(B_2)P(A \mid B_2) + \cdots + P(B_n)P(A \mid B_n)$$
$$= \sum_{i=1}^{n} P(B_i) P(A \mid B_i)$$

上式称为全概率公式.

例 1.3.4 盒中 10 件产品中有 7 件正品 3 件次品,从中不放回地依次取两次,每次取一件. 求取出的第二件为次品的概率.

解 设 $A_i =$ "取出的第 i 件为次品", $i = 1, 2$. 由全概率公式可得

$$P(A_2) = P(A_1) P(A_2 \mid A_1) + P(\overline{A_1}) P(A_2 \mid \overline{A_1})$$
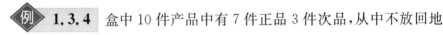
$$= \frac{3}{10} \times \frac{2}{9} + \frac{7}{10} \times \frac{3}{9} = \frac{3}{10}.$$

例 1.3.5 有两个口袋,甲袋中装有 n_1 个白球,m_1 个黑球,乙袋中装有 n_2 个白球,m_2 个黑球. 由甲袋中任取一球放入乙袋中,再从乙袋中任取一球,问取到白球的概率是多少?

解 设 B_1 为"由甲袋中任取一球取的是白球放入乙袋"的事件,B_2 表示"从甲袋中任取一球取的是黑球放入乙袋"的事件,A 为"从甲袋中任取一球,放入乙袋、再从乙袋中取到一个白球"的事件,显然

$$B_1 \bigcup B_2 = \Omega, B_1 B_2 = \varnothing,$$

且

$$A = AB_1 + AB_2$$

由全概率公式：
$$P(A) = P(B_1)P(A \mid B_1) + P(B_2)P(A \mid B_2)$$
而
$$P(B_1) = \frac{n_1}{n_1+m_1}, \ P(B_2) = \frac{m_1}{n_1+m_1}$$
$$P(A \mid B_1) = \frac{n_2+1}{n_2+m_2+1}, \ P(A \mid B_2) = \frac{n_2}{n_2+m_2+1}$$
于是
$$P(A) = \frac{n_1}{n_1+m_1} \cdot \frac{n_2+1}{n_2+m_2+1} + \frac{m_1}{n_1+m_1} \cdot \frac{n_2}{n_2+m_2+1}$$
$$= \frac{(n_1+m_1)n_2+n_1}{(n_1+m_1)(n_2+m_2+1)}.$$

1.3.4 贝叶斯公式

与全概率公式密切相关的另一个重要公式,称为贝叶斯公式.在全概率公式的背景下,现在求事件 A 出现条件下,事件 B_i 出现的概率,即：
$$P(B_i \mid A) = \frac{P(B_i)P(A \mid B_i)}{P(A)}$$
又由全概率公式知
$$P(A) = \sum_{i=1}^{n} P(B_i)P(A \mid B_i)$$
代入上式得：
$$P(B_i \mid A) = \frac{P(B_i)P(A \mid B_i)}{\sum_{i=1}^{n} P(B_i)P(A \mid B_i)}$$
上式即称为贝叶斯公式.

如果把事件 A 看成"结果",把完备事件组 $B_1,B_2,\cdots,B_n$ 看成是导致这一结果发生的各种可能的"原因".则全概率公式可以看成是"由原因推结果",而贝叶斯公式正好相反,可以看成是"由结果推原因".现在某个结果 A 发生了,那么导致这一结果发生的各种不同的原因的可能性大小就可以由贝叶斯公式求得.

特别地,在全概率公式和贝叶斯公式中取 $n=2$,把 B_1 记为 B,此时 B_2

就是 $\bar{B}$，则全概率公式和贝叶斯公式分别成为

$$P(A) = P(B)P(A \mid B) + P(\bar{B})P(A \mid \bar{B})$$

$$P(B \mid A) = \frac{P(B)P(A \mid B)}{P(B)P(A \mid B) + P(\bar{B})P(A \mid \bar{B})}$$

这两个特例是常用的.

例 1.3.6 假定某工厂甲、乙、丙 3 个车间生产同一种螺钉，产量依次占全厂的 45%，35%，20%. 如果各车间的次品率依次为 4%，2%，5%. 现在从待出厂产品中检查出 1 个次品，试判定它是由甲车间生产的概率.

解 设事件 B 表示"产品为次品"，A_1, A_2, A_3 分别表示"产品为甲、乙、丙车间生产的". 显然，A_1, A_2, A_3 构成一个完备事件组. 依题意，有

$$P(A_1) = 0.45, \quad P(A_2) = 0.35, \quad P(A_3) = 0.20$$

$$P(B \mid A_1) = 0.04, \quad P(B \mid A_2) = 0.02, \quad P(B \mid A_3) = 0.05$$

由贝叶斯公式有

$$P(A_1 \mid B) = \frac{P(A_1)P(B \mid A_1)}{\sum_{i=1}^{3} P(A_i)P(B \mid A_i)}$$

$$= \frac{0.45 \times 0.04}{0.45 \times 0.04 + 0.35 \times 0.02 + 0.20 \times 0.05} \approx 0.514$$

例 1.3.7 假定用血清蛋白法诊断肝癌，设 C 表示"被检验者患有肝癌"这一事件，A 表示"甲胎蛋白诊断呈阳性"这一事件，已知 $P(A \mid C) = 0.95$，$P(\bar{A} \mid \bar{C}) = 0.98$，$P(C) = 0.004$，现有一人被此检验法诊为甲胎蛋白呈阳性，求此人患肝癌的概率 $P(C \mid A)$.

解 由贝叶斯公式，

$$P(C \mid A) = \frac{P(C)P(A \mid C)}{P(C)P(A \mid C) + P(\bar{C})P(A \mid \bar{C})}$$

$$= \frac{P(C)P(A \mid C)}{P(C)P(A \mid C) + (1 - P(C))(1 - P(\bar{A} \mid \bar{C}))}$$

$$= \frac{0.004 \times 0.95}{0.004 \times 0.95 + 0.996 \times 0.02} = 0.16.$$

可见用此法检验，甲胎蛋白诊断呈阳性的人而确患肝癌的可能性并不大.

§1.4 事件的独立性

1.4.1 两个事件的独立性

对于事件 A,B,一般来说,$P(B\mid A)\neq P(B)$,即 A 发生对 B 发生的概率是有影响的. 然而,在实际问题中,也有 A 发生对 B 发生的概率没有影响的情况,即有 $P(B\mid A)=P(B)$. 例如,在一批有一定次品率的产品中,接连两次抽取产品,每次任取一件,如果第一次抽取(抽到正品记为 A)后仍放回这批产品中,由于是有放回地抽取,所以,第二次抽取(抽到正品记为 B)时,这批产品中,正品与次品的比例丝毫未变,自然第一次抽取的结果对第二次抽取没有影响.

故有,$P(B\mid A)=P(B)$,因此,乘法公式可以变为
$$P(AB)=P(A)P(B)$$
由此,引进下面的两个事件相互独立性的概念.

> **定义 1.4.1** 对于任意两个事件 A 和 B,若
> $$P(AB)=P(A)P(B)$$
> 则称此两事件 A、B 相互独立.

在 $P(A)>0$ 或 $(P(B)>0)$ 的前提下,不难得到
$$P(B\mid A)=P(B) \text{ 或 } (P(A\mid B)=P(A))$$
因此,事件 A 和 B 相互独立的含义是:其中任一事件的出现并不影响另一事件出现的概率.

> **定理 1.4.1** 若事件 A 和 B 相互独立,则 $\overline{A}$ 与 B,A 与 $\overline{B}$,$\overline{A}$ 与 $\overline{B}$ 也是相互独立的.

证明 不妨设 $P(A)$、$P(B)$ 均大于 0,要证当 A、B 相互独立时,A、$\overline{B}$ 也相互独立.

由全概率公式可知,
$$P(A)=P(B)P(A\mid B)+P(\overline{B})P(A\mid \overline{B})$$

于是有
$$P(A) = P(B)P(A) + P(\bar{B})P(A \mid \bar{B})$$
此即
$$[1 - P(B)]P(A) = P(\bar{B})P(A \mid \bar{B})$$
两边约去 $P(\bar{B})$，即得
$$P(A \mid \bar{B}) = P(A)$$
故得证.

其余情况也可类似证明.

例 1.4.1 甲、乙各自同时向一敌机炮击,已知甲击中敌机的概率为 0.6,乙击中敌机的概率为 0.5,求敌机被击中的概率.

解：设事件 A 为"甲击中敌机",事件 B 为"乙击中敌机"；C 为"敌机被击中"的事件,显然 A 与 B 相互独立, $C = A \cup B$,由加法公式知
$$P(C) = P(A \cup B) = P(A) + P(B) - P(AB)$$
$$= P(A) + P(B) - P(A)P(B)$$
$$= 0.6 + 0.5 - 0.6 \times 0.5 = 0.8$$

也可以应用上述定理 1.4.1,由 A、B 相互独立,推出 $\bar{A}$、$\bar{B}$ 也相互独立,则由事件运算的性质,知
$$P(C) = 1 - P(\overline{A \cup B}) = 1 - P(\overline{AB})$$
$$= 1 - P(\bar{A})P(\bar{B})$$
$$= 1 - 0.4 \times 0.5 = 0.8$$

1.4.2 多个事件的独立性

定义 1.4.2 设 A、B、C 是三事件,如果具有等式
$$\left. \begin{array}{l} P(AB) = P(A)P(B) \\ P(BC) = P(B)P(C) \\ P(AC) = P(A)P(C) \end{array} \right\}$$
则称三事件 A、B、C 两两独立.

一般当事件 A、B、C 两两独立时,等式
$$P(ABC) = P(A)P(B)P(C)$$
不一定成立.

> **定义 1.4.3** 设 A、B、C 是三事件,如果具有等式
> $$\left.\begin{array}{r} P(AB) = P(A)P(B) \\ P(BC) = P(B)P(C) \\ P(AC) = P(A)P(C) \\ P(ABC) = P(A)P(B)P(C) \end{array}\right\}$$
> 则称 A、B、C 为相互独立的事件.

事件相互独立性的概念也可以推广到有限多个事件的情况.

> **定义 1.4.4** 设 $A_1, A_2, \cdots, A_n$ 为 n 个事件,如果对于任一组数 $k_1, k_2, \cdots, k_s (2 \leqslant s \leqslant n)$ 每组 $k_1, k_2, \cdots, k_s$ 取 $1, 2, \cdots, n$ 中的 s 个不同的值,等式
> $$P(A_{k_1} A_{k_2} \cdots A_{k_s}) = P(A_{k_1})P(A_{k_2})\cdots P(A_{k_s})$$
> 总成立,则称 $A_1, A_2, \cdots, A_n$ 为相互独立的事件.

从以上定义我们还可以推导出类似定理 1.4.1 的一个有用结论:

> **定理 1.4.2** 若 n 个事件 $A_1, A_2, \cdots, A_n (n \geqslant 2)$ 相互独立,则将其中任何 $m (1 \leqslant m \leqslant n)$ 个事件换成它们的各自的对立事件,所得的 n 个新的事件仍相互独立.

例 1.4.2 设一个口袋中有四张卡片,在这四张卡片上依次标有下列各组数字:110、101、011、000,从这口袋中任取一张卡片,依次用 A_1, A_2, A_3 表示事件"取得的卡片上第 i 位上的数字为 1"($i=1,2,3$),证明: A_1, A_2, A_3 两两独立,但并不相互独立.

证 $P(A_1) = P(A_2) = P(A_3) = \dfrac{1}{2}$

$P(A_1 A_2) = P(A_2 A_3) = P(A_3 A_1) = \dfrac{1}{4}$

$P(A_1 A_2 A_3) = 0$

从而有
$$P(A_1A_2) = P(A_1)P(A_2)$$
$$P(A_2A_3) = P(A_2)P(A_3)$$
$$P(A_3A_1) = P(A_3)P(A_1)$$

即 A_1, A_2, A_3 两两独立,但是
$$P(A_1A_2A_3) \neq P(A_1)P(A_2)P(A_3)$$

故事件 A_1, A_2, A_3 不相互独立.

例 1.4.3 某种彩票每周开奖一次,每次中头等奖的概率为百万分之一,且每周开奖都是独立的. 若某人每周买一张彩票,坚持买了 10 年(每年为 52 周)之久,则他至少中了一次头等奖的概率是多少?

解 以 A_i 表示"第 i 次开奖中了头等奖",$i = 1, 2, \cdots, 520$. 以 B 表示至少中了一次头等奖. 则 10 年来他至少中了一次头等奖的概率为

$$P(B) = P(\bigcup_{i=1}^{520} A_i) = 1 - \prod_{i=1}^{520} P(\overline{A_i}) = 1 - (1 - 10^{-6})^{520}$$
$$= 0.00052$$

这个很小的概率表明他 10 年来没中一次头等奖是非常正常的事.

例 1.4.4 在开关电路(如图 1-3 所示)中,开关 a、b、c、d 开或关的概率均为 $\frac{1}{2}$,且相互独立,求灯亮的概率.

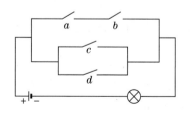

图 1-3 开关电路

解 用 A、B、C、D 分别记开关 a、b、c、d 闭合的事件,由图 1-5 可知,当 a、b 同时闭合或者 c、d 中有一闭合时,灯亮. 记灯亮的事件为 E,则有 $E = AB \cup C \cup D$,根据题意,可得:

$$P(E) = P(AB \cup C \cup D)$$
$$= P(AB)+P(C)+P(D)-P(ABC)-P(ABD)-P(CD)+P(ABCD)$$
$$= P(A)P(B)+P(C)+P(D)-P(A)P(B)P(C)-P(A)P(B)P(D)$$
$$\quad -P(C)P(D)+P(A)P(B)P(C)P(D)$$
$$= \left(\frac{1}{2}\right)^2+\frac{1}{2}+\frac{1}{2}-\left(\frac{1}{2}\right)^3-\left(\frac{1}{2}\right)^3-\left(\frac{1}{2}\right)^2+\left(\frac{1}{2}\right)^4$$
$$= \frac{13}{16}.$$

1.4.3 伯努利概型

随机现象的统计规律性是通过在相同的条件下,进行大量的重复观察或试验得来的,因而,这类随机试验,在概率论的研究中有其重要的作用.

> **定义 1.4.5** 将试验在同样条件下重复进行,如果每次试验的结果都不影响其他各次试验结果出现的概率,即各次试验的结果相互独立,则称这类试验为重复独立试验.
>
> **定义 1.4.6** 重复独立试验中,如果每次试验的结果只有两个,事件 A 和 $\overline{A}$,且 $P(A)=p$,$P(\overline{A})=1-p=q$ 时,则称之为伯努利试验. 伯努利试验是一种非常重要的概率模型. 故又称其为伯努利概型.

上述有放回的重复抽样试验就是一种常见的伯努利概型. 对于伯努利概型,可以得到如下结果:

> **定理 1.4.3** 如果在 n 重伯努利试验中,事件 A 在每一次试验中出现的概率为 $p(0<p<1)$,则事件 A 在 n 次试验中恰好出现 k 次的概率为:
> $$P_n(k) = C_n^k p^k (1-p)^{n-k}, (k=0,1,2,\cdots,n)$$

证明 将"第 i 次试验中 A 出现"的事件记为 $A_i (i=1,2,\cdots,n)$,则由伯努利概型知,在 n 次试验中事件 A 在指定的 k 次试验中出现,其余 $n-k$ 次试验中不出现的概率为

$$P(A_1 A_2 \cdots A_k \overline{A_{k+1}} \cdots \overline{A_n}) = P(A_1) \cdot P(A_2) \cdots P(A_k) P(\overline{A_{k+1}}) \cdots P(\overline{A_n})$$
$$= p^k (1-p)^{n-k}$$

由于 n 次试验中 A 出现 k 次的方式很多,易知共有 C_n^k 种方式,而它所对应的这 C_n^k 个事件是两两互斥的,故由概率的加法公式得:

$$P_n(k) = C_n^k p^k (1-p)^{n-k}, (k = 0, 1, 2, \cdots, n)$$

由牛顿二项式公式,即得:

$$\sum_{k=0}^{n} P_n(k) = \sum_{k=0}^{n} C_n^k p^k (1-p)^{n-k} = [p + (1-p)]^n = 1$$

注意到 $C_n^k p^k q^{n-k}$(其中 $q=1-p$),刚好是二项式 $(p+q)^n$ 的展开式中出现 p^k 的一项,故通常称该结论公式为二项概率公式.

例 1.4.5 一条自动生产线上产品的一级品率为 0.6,现检查了 10 件,求至少有两件一级品的概率.

解 设 B 为"至少有两件一级品"的事件,由于每一件产品可能是一级品,也可能不是一级品,各个产品是否为一级品是相互独立的,故为伯努利概型,由二项概率公式,即得

$$P(B) = \sum_{k=2}^{10} P_{10}(k) = 1 - P_{10}(0) - P_{10}(1)$$
$$= 1 - (0.4)^{10} - C_{10}^1 \times 0.6 \times (0.4)^9$$
$$\approx 0.998$$

例 1.4.6 某人进行射击,设每次射击命中的概率是 0.001,独立射击 5000 次,求:

(1) 恰好命中 1 次的概率;

(2) 命中 1 次以上的概率.

解 射击 5000 次看成进行 5000 次重复独立试验,每次射击的结果为命中或没有命中,只有这两个结果,而每次射击的结果对其他各次射击结果是独立的,因此,属于伯努利概型. 在这里 $n=5000$, $p=0.001$, $q=1-p=0.999$.

(1) 恰好命中 1 次的概率为 $P_{5000}(1)$,有

$$P_{5000}(1) = C_{5000}^1 (0.001)(0.999)^{4999} \approx 0.0335$$

(2) 设"没有命中"的事件为 A_0,则"至少命中一次"的事件即为 $\overline{A_0}$,而

$$P(A_0) = P_{5000}(0) = (0.999)^{5000} \approx 0.0067$$

故
$$P(\overline{A_0}) = 1 - P(A_0) \approx 1 - 0.0067 = 0.9933$$

这个结果说明,尽管每次射击命中目标的可能性很小,但进行多次射击,例如 5000 次,至少命中一次以上的概率很接近 1,这实际上可以认为射击 5000 次几乎必命中目标.

例 1.4.7 设某种药物对某种疾病的治愈率为 0.8,现有 10 个患这种病的病人同时服用此药,求其中至少有 6 人治愈的概率.

解 设病人服用此药后"治愈"事件为 A,"未治愈"事件为 $\overline{A}$,由题设知 $P(A) = 0.8$,$P(\overline{A}) = 0.2$,而且这是一个 $n = 10$ 的伯努利概型,故有
$$P = C_{10}^6 (0.8)^6 (0.2)^4 + C_{10}^7 (0.8)^7 (0.2)^3 + C_{10}^8 (0.8)^8 (0.2)^2$$
$$+ C_{10}^9 (0.8)^9 (0.2)^1 + (0.8)^{10} \approx 0.97$$

这个结果表明服用此药,10 人中至少有 6 人治愈的把握很大(概率为 0.97),而少于 6 人治愈的事件是小概率事件(概率为 0.03),如果在实际服此药的试验中,10 个病人服此药后治愈的少于 6 人,那么,就认为治愈率 0.8 不可靠,实际治愈率应该比 0.8 小.

相关阅读

柯尔莫哥洛夫

安德烈·柯尔莫哥洛夫(1903—1987 年),20 世纪苏联最杰出的数学家,也是 20 世纪世界上为数极少的几个最有影响的数学家之一. 1924 年他和当时的苏联数学家辛钦一起建立了关于独立随机变量的三级数定理. 1928 年他得到了随机变量序列服从大数定理的充要条件. 1929 年得到了独立同分布随机变量序列的重对数律. 1930 年得到了强大数定律的非常一般的充分条件. 1931 年发表了《概率论的解析方法》一文,奠定了马尔可夫过程论的基础,马尔可夫过程在物理、化学、生物、工程技术和经济管理等学科中有十分广泛的应用,仍然是当今世界数学

研究的热点和重点之一.1932 年得到了含二阶矩的随机变量具有无穷可分分布律的充要条件.1933 年出版了《概率论基础》一书,在世界上首次以测度论和积分论为基础建立了概率论公理结论,这是一部具有划时代意义的巨著,在科学史上写下苏联数学最光辉的一页.1935 年提出了可逆对称马尔可夫过程概念及其特征所服从的充要条件,这种过程成为统计物理、排队网络、模拟退火、人工神经网络、蛋白质结构的重要模型.1936—1937 年给出了可数状态马尔可夫链状态分布.1939 年定义并得到了经验分布与理论分布最大偏差的统计量及其分布函数.20 世纪 30～40 年代他和辛钦一起发展了马尔可夫过程和平稳随机过程论,并应用于大炮自动控制和工农业生产中,在卫国战争中立了功.1941 年他得到了平稳随机过程的预测和内插公式.1955—1956 年他和他的学生,苏联数学家 Y. V. Prokhorov 开创了取值于函数空间上概率测度的弱极限理论,这个理论和苏联数学家 A. B. Skorohod 引入的 D 空间理论是弱极限理论的划时代成果.

复习题 1

1.1 设一个工人生产了四个零件,又 A_i 表示事件"他生产的第 i 个零件是正品"($i=1,2,3,4$),试用诸 A_i 表示下列各事件:

(1)没有一个产品是次品;

(2)至少有一个产品是次品;

(3)只有一个产品是次品.

1.2 设 $\Omega = \{1,2,\cdots,10\}$,$A=\{2,3,4\}$,$B=\{3,4,5\}$,$C=\{5,6,7\}$,具体写出下列各式表示的事件:

(1) $\overline{A}B$;　　(2) $\overline{A} \cup B$;　　(3) $\overline{AB}$;

1.3 一口袋中有五个红球及两个白球.从这袋中任取一球,看过它的颜色后就放回袋中,然后,再从这袋中任取一球,设每次取球时,口袋中各个球被取到的可能性相同,求:

(1)第一次,第二次都取得红球的概率;

(2)第一次取得红球,第二次取得白球的概率;

(3)两次取得的球为红、白各一的概率;

(4)第二次取得红球的概率.

第1章 随机事件与概率

1.4 两封信随机地投入四个邮筒,求前两个邮筒内没有信的概率及第一个邮筒内只有一封信的概率.

1.5 甲、乙两艘轮船驶向一个不能同时停泊两艘轮船的码头停泊,它们在一昼夜内到达的时刻是等可能的,如果甲船的停泊时间是一小时,乙船的停泊时间是两小时,求它们中的任何一艘都不需等候码头空出的概率.

1.6 在线段 AD 上任取两点 B,C,在 B、C 处折断而得三个线段,求"这三个线段能构成三角形"的概率.

1.7 对于任意三个事件 A、B、C,证明:
$$P(A \cup B \cup C) = P(A)+P(B)+P(C)-P(AB)-P(BC)-P(CA)+P(ABC).$$

1.8 一个大学毕业生给四家单位各发出一份求职信,若这些单位彼此独立通知他去面试的概率分别是 1/2、1/3、1/4、1/5. 问这个学生至少有一次面试机会的概率有多大?

1.9 设一个口袋中有四个红球及三个白球. 从这口袋中任取一个球后,不放回去,再从这口袋中任取一个球,令 A 表示事件"第一次取得白球",B 表示事件"第二次取得红球",求 $P(B)$ 及 $P(B|A)$.

1.10 一批零件共 100 个,次品率为 10%,每次从其中任取一个零件. 取出的零件不再放回去,求第三次才取得正品的概率.

1.11 有朋友自远方来访,他乘火车、轮船、汽车、飞机来的概率分别是 0.3、0.2、0.1、0.4. 如果他乘火车、轮船、汽车来的话,迟到的概率分别是 1/4、1/3、1/12,而乘飞机不会迟到. (1)求他迟到的概率;(2)已知他迟到了,试问他是乘火车来的概率是多少?

1.12 设甲袋中有三个红球及一个白球,乙袋中有四个红球及两个白球,从甲袋中任取一个球(不看颜色)放到乙袋中后,再从乙袋中任取一个球,用全概率公式求最后取得红球的概率.

1.13 用三台机床加工一批零件,各机床加工的零件数之比为 5:3:2,各机床加工的零件的合格品率分别为 0.94、0.90、0.95,求这批零件的合格品率.

1.14 某商店收进甲厂生产的产品 30 箱,乙厂生产的同种产品 20 箱,甲厂每箱装 100 个,废品率为 0.06,乙厂每箱装 120 个,废品率是 0.05,求:
(1)任取一箱,从中任取一个为废品的概率;
(2)若将所有产品开箱混放,求任取一个为废品的概率.

1.15 袋中有 10 个球,9 个是白球,1 个是红球,10 个人依次从袋中各取一球,每人取一球后不再放回袋中,问第 1 人,第 2 人,…,最后 1 人取得红球的概率是多少?

1.16 已知 $P(\overline{A})=0.3, P(B)=0.4, P(A\overline{B})=0.5$,求 $P(B|A\cup\overline{B})$.

1.17 已知 $P(A)=\dfrac{1}{4}, P(B|A)=\dfrac{1}{3}, P(A|B)=\dfrac{1}{2}$,求 $P(A\cup B)$.

1.18 据以往资料表明,某一个 3 口之家,患某种传染病的概率有以下规律:
$P(\text{孩子得病})=0.6, P(\text{母亲得病}|\text{孩子得病})=0.5$,
$P(\text{父亲得病}|\text{母亲及孩子得病})=0.4$,求母亲及孩子得病但父亲未得病的概率.

1.19 证明:如果 $P(A \mid B) = P(A \mid \bar{B})$,那么事件 A、B 相互独立.

1.20 一射手对同一目标独立地进行 4 次射击,若目标被击中的概率为 80/81,求该射手进行一次射击的命中率.

1.21 设三台机器相互独立地运转着,又第一台、第二台、第三台机器不发生故障的概率依次为 0.9、0.8、0.7,求这三台机器全不发生故障及它们中至少有一台发生故障的概率.

1.22 电路由电池 A 与两个并联的电池 B、C 串联而成,设电池 A、B、C 损坏与否相互独立,且它损坏的概率依次为 0.3,0.2,0.2,求这电路发生间断的概率.

1.23 已知男人中有 5% 是色盲患者,女人中有 0.25% 是色盲患者,今从男女人数相等的人群中随机地挑选一人,恰好是色盲患者,问此人是男性的概率是多少?

1.24 甲、乙、丙三人同时对飞机进行射击,三人击中的概率分别为 0.4,0.5,0.7. 飞机被一人击中而被击落的概率为 0.2,被两人击中而被击落的概率为 0.6,若三人都击中,飞机必定被击落,求飞机被击落的概率.

1.25 有两个系统,均由 4 个独立工作的元件 1,2,3,4 联接而成,且每个元件的可靠性(即正常工作的概率)均为 0.9. 试分别求出这两个系统的可靠性.

系统 1:

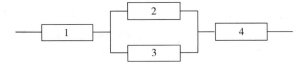

系统 2:

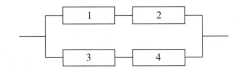

扫一扫,获取参考答案

第 2 章 随机变量及其概率分布

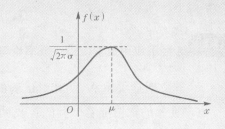

【学习目标】

1. 理解随机变量的概念、分布函数的概念和性质;
2. 掌握利用分布函数计算有关随机事件的概率;
3. 理解离散型随机变量分布律的性质和意义;
4. 掌握常见的离散型随机变量分布律,并利用它解决一些简单问题;
5. 掌握常见的连续型随机变量概率密度,并利用它解决一些简单问题.

在第 1 章中,我们用样本空间的子集,即基本事件的集合来表示随机试验的各种结果,这种表示的方式对全面讨论随机试验的统计规律性及数学工具的运用都有较大的局限. 在本章中,我们将用实数来表示随机试验的各种结果,即引入随机变量的概念. 这样,不仅可更全面揭示随机试验客观存在的统计规律性,而且可使我们用高等数学的方法来讨论随机试验.

§2.1 随机变量及其分布函数

2.1.1 随机变量的概念

在随机试验中,若把试验中观察的对象与实数对应起来,即

建立对应关系 X，使其对试验的每个结果 ω，都有一个实数 $X(\omega)$ 与之对应，则 X 的取值随着试验的重复而不同，X 是一个变量，且在每次试验中 X 究竟取什么值事先无法预知，也就是说 X 是一个随机取值的变量. 因此，很自然地称 X 为随机变量.

 2.1.1 将一枚质地均匀的硬币抛掷三次，观察出现正面（H）和反面（T）的情况，不难得出硬币抛掷三次的样本空间是

$$\Omega = \{HHH, HHT, HTH, THH, HTT, THT, TTH, TTT\}.$$

以 X 记作三次投掷硬币得到正面 H 的总数，那么，对于样本空间 $\Omega = \{\omega\}$ 中的每一个样本点 ω，X 都有一个数值与之对应. X 是定义在样本空间 Ω 上的一个实值单值函数. 它的定义域是样本空间 Ω，值域是实数集合 $\{0,1,2,3\}$. 使用函数记法可以将 X 写成

$$X = X(\omega) = \begin{cases} 3, & \omega = HHH, \\ 2, & \omega = HHT, HTH, THH, \\ 1, & \omega = HTT, THT, TTH, \\ 0, & \omega = TTT. \end{cases}$$

一般有以下定义：

> **定义 2.1.1** 设 Ω 是某随机试验 E 的样本空间，若对 Ω 中每个基本事件 ω 都有一个唯一的实数 $X(\omega)$ 与之对应，这样就定义了一个在 Ω 上的实值函数，我们称这个函数 $X(\omega)$ 为随机变量，简记 X.

有许多随机试验，它们的结果本身是一个数，我们令 $X = X(\omega) = \omega$，那么 X 就是一个随机变量. 例如，用 Y 记某车间一天的缺勤人数，以 W 记某地区第二季度的降雨量，以 Z 记某工厂一天的耗电量，以 N 记某医院一天的挂号人数. 那么 Y、W、Z、N 都是随机变量.

通常，一般用大写字母 X、Y、Z 等来表示随机变量，也可以用 ξ、η 等表示. 而随机变量的具体取值则用小写字母 x、y、z 等表示.

按照定义，随机变量是样本点的函数. 于是在试验前，我们可以知道 $X(\omega)$ 可能取值的范围，但是由于不能确切知道哪些样本点会出现，因此也不能确切知道随机变量 $X(\omega)$ 会取什么值. 但是由于试验的各个结果的出现都有一定的概率，于是随机变量取值也有一定的概率. 例如，在例 2.1.1 中 X 取值

为 2, 记成 $\{X=2\}$, 对应于样本点的集合为 $A=\{HHT,HTH,THH\}$, 这是一个事件, 当且仅当事件 A 发生时有 $\{X=2\}$. 即

$$p(A) = p\{HHT,HTH,THH\} = \frac{3}{8}$$

这一性质显示了随机变量与普通函数有着本质的差异; 再者, 普通函数是定义在实数轴上的, 而随机变量是定义在样本空间 Ω 上的 (样本空间 Ω 的元素 ω 不一定是实数), 这也是两者的区别.

引入随机变量的概念后, 就可以用随机变量来表述随机事件. 例如: 在 "掷硬币" 这个试验中, 可定义

$$X = \begin{cases} 1, & \text{当正面出现时,} \\ 0, & \text{当反面出现时.} \end{cases}$$

则 $\{X=1\}$ 和 $\{X=0\}$ 就分别表示了事件 $\{$出现正面$\}$ 和 $\{$出现反面$\}$, 且有

$$P(X=1) = P\{\text{出现正面}\} = \frac{1}{2},$$

$$P(X=0) = P\{\text{出现反面}\} = \frac{1}{2}.$$

若试验的结果本身就是用数量描述的, 则可定义 $X = X(\omega) = t, \omega = t \in \Omega$. 例如, 在 "掷骰子" 这个试验中, 用 $\{X=i\}$ 表示 $\{$出现 i 点$\}$, 且

$$P(X=i) = P\{\text{出现 } i \text{ 点}\} = \frac{1}{6}, i = 1, 2, \cdots, 6.$$

在 "测试灯泡寿命" 这个试验中, $\{X=t\}$ 表示 $\{$灯泡的寿命为 t (小时)$\}$, 而 $P(X \leqslant t)$ 就是事件 $\{$灯泡寿命不超过 t (小时)$\}$ 的概率.

2.1.2 随机变量的分布函数

许多随机变量的取值是不能一个一个地列举出来的, 且它们取某个值的概率可能是零. 例如, 在测试灯泡的寿命时, 可认为寿命 X 的取值充满了区间 $[0, +\infty)$, 事件 $\{X = x_0\}$ 表示灯泡的寿命正好是 x_0, 在实际中, 测试数百万只灯泡的寿命, 可能也不会有一只的寿命正好是 x_0. 也就是说, 事件 $\{X = x_0\}$ 发生的频率在零附近波动, 自然可认为 $P(X = x_0) = 0$.

由于有许多随机变量的概率分布情况不能以其取某个值的概率来表示, 故转而讨论随机变量 X 的取值落在某一个区间里的概率, 即取定 $x_1, x_2, (x_1 < x_2)$,

讨论 $P(x_1 < X \leqslant x_2)$. 因 $P(x_1 < X \leqslant x_2) = P(X \leqslant x_2) - P(X \leqslant x_1)$,所以对任何一个实数 x,只需知道 $P(X \leqslant x)$,就可知 x 的取值落在任一区间里的概率. 为此,我们用 $P(X \leqslant x)$ 来讨论随机变量 X 的概率分布情况.

定义 2.1.2 设 X 是一个随机变量,考虑定义在实数轴上的实值函数 $F(x)$:

$$F(x) = P(X \leqslant x), x \in (-\infty, +\infty), \tag{2.1.1}$$

则称此实值函数 $F(x)$ 为随机变量 X 的**分布函数**. 有时,为强调它是 X 的分布函数,也可记作 $F_X(x)$.

容易证明,分布函数 $F(x)$ 具有以下基本性质:

(1) $0 \leqslant F(x) \leqslant 1$,且 $F(+\infty) = \lim\limits_{x \to +\infty} F(x) = 1, F(-\infty) = \lim\limits_{x \to -\infty} F(x) = 0$.

因为 $F(x) = P(X \leqslant x)$,即 $F(x)$ 是 x 落在 $(-\infty, x]$ 里的概率,所以 $0 \leqslant F(x) \leqslant 1$. 对其余两式,我们只给出一个直观的解释,不作严格的证明. 事实上,$F(+\infty)$ 是事件 $\{X < +\infty\}$ 的概率,而 $\{X < +\infty\}$ 是必然事件,故 $F(+\infty) = 1$. 类似地,$\{X < -\infty\}$ 是不可能事件,故 $F(-\infty) = 0$.

(2) $F(x)$ 是一个单调不减的函数,即当 $x_1 < x_2$ 时,$F(x_1) \leqslant F(x_2)$.

事实上 $F(x_2) - F(x_1) = P(x_1 < X \leqslant x_2) \geqslant 0$,故 $F(x_1) \leqslant F(x_2)$.

(3) $F(x)$ 是右连续的函数,即 $F(x+0) = \lim\limits_{x \to x_0^+} F(x) = F(x_0)$,对任意的 $x_0 \in \mathbf{R}$ 均成立.

2.1.3 用分布函数求概率

有了分布函数,就可以很容易利用分布函数求出随机变量 X 的许多概率问题. 对于任意的实数 $x_1, x_2 (x_1 < x_2)$,随机变量 X 落在区间 $(x_1, x_2]$ 里的概率

$$P(x_1 < X \leqslant x_2) = P(X \leqslant x_2) - P(X \leqslant x_1) = F(x_2) - F(x_1).$$

在这个意义上可以说,分布函数完整地描述了随机变量的统计规律性,或者说,分布函数完整地表示了随机变量的概率分布情况.

若把 X 看作是数轴上的随机点的坐标,则分布函数 $F(x)$ 在 x 的函数值就表示 x 落在区间 $(-\infty, x]$ 里的概率.

例如
$$P(X = a) = F(a) - F(a-0);$$
$$P(X < a) = F(a-0);$$
$$P(X > a) = 1 - F(a);$$
$$P(X \geqslant a) = 1 - F(a-0).$$

综上所述,分布函数是一种分析性质良好的函数,给定了分布就能算出各种事件的概率,因此引进分布函数使许多概率论问题得以简化,而归结为函数的运算,这样就能利用高等数学的知识来解决概率问题.

§2.2 离散型随机变量及其分布律

若用随机变量 X 表示掷一颗骰子所得到的点数,其全部可能取值仅仅为有限个数,即 $1,2,3,4,5,6$. 若用 Y 表示直到首次击中目标为止所进行的射击次数,则 Y 的全部可能取值为 $1,2,3,\cdots$,有可列无穷多个. 当把上述 X 和 Y 的全部可能取值描绘在数轴上时,它们无非是数轴上一些离散的点. 因此,下面讨论随机变量的全部可能取值是有限多个或可列无穷多个的情形.

2.2.1 离散型随机变量

定义 2.2.1 如果一个随机变量的全部可能取值,只有有限多个或可列无穷多个,则称它是离散型随机变量.

要掌握一个离散型随机变量 X 的统计规律,必须且只需知道 X 的所有可能取值以及每一个可能取值的概率,为此下面引入离散型随机变量的概率分布律.

定义 2.2.2 设离散型随机变量 X 所有可能取的值为 $x_i(i=1,2,\cdots)$,且 X 取各个可能值相应的概率为
$$P(X = x_i) = p_i, \quad i = 1, 2, \cdots \tag{2.2.1}$$

则称式(2.2.1)为离散型的随机变量 X 的概率分布律(或分布列). 分布律也可以用表格的形式(2.2.2)来表示,即表示为

X	x_1	x_2	$\cdots$	x_i	$\cdots$
p	p_1	p_2	$\cdots$	p_i	$\cdots$

(2.2.2)

一般地,将 X 的各个可能取值,按照从小到大的次序排列,$p_i=0$ 的项不必出现.

显然,分布律应满足下面的关系:

(1) $p_i \geqslant 0 \quad i=1,2,\cdots$;

(2) $\sum_{i=1}^{+\infty} P(X=x_i) = \sum_{i=1}^{+\infty} p_i = 1.$

有了分布律,可以通过下式求得分布函数

$$F(x) = P(X \leqslant x) = \sum_{x_i \leqslant x} P(X=x_i) = \sum_{x_i \leqslant x} p_i, i=1,2,\cdots \quad (2.2.3)$$

 2.2.1 设一汽车在开往目的地的道路上需经过四盏信号灯,每盏信号灯以概率 $\dfrac{1}{2}$ 允许汽车通过或禁止汽车通过. 以 X 表示汽车首次停下时,它已通过的信号灯的盏数(设各信号灯工作是相互独立的). 求 X 的分布律,分布函数以及概率 $P(X \leqslant 3/2), P(3/2 < X \leqslant 5/2), P(2 \leqslant X \leqslant 3)$.

解 设 p 为每盏信号灯禁止汽车通过的概率,则

$P(X=i) = p(1-p)^i, i=0,1,2.$

$P(X=3) = (1-p)^3.$

现 $p = \dfrac{1}{2}$, 故知 X 的分布律为

X	0	1	2	3
P	1/2	1/4	1/8	1/8

由此得 X 的分布函数

$$F(x) = \begin{cases} 0, & x < 0; \\ \dfrac{1}{2}, & 0 \leqslant x < 1; \\ \dfrac{1}{2} + \dfrac{1}{4} = \dfrac{3}{4}, & 1 \leqslant x < 2; \\ \dfrac{1}{2} + \dfrac{1}{4} + \dfrac{1}{8} = \dfrac{7}{8}, & 2 \leqslant x < 3; \\ \dfrac{1}{2} + \dfrac{1}{4} + \dfrac{1}{8} + \dfrac{1}{8} = 1, & 3 \leqslant x; \end{cases}$$

题中要求计算的概率分别为

$$P\left(X \leqslant \frac{3}{2}\right) = F\left(\frac{3}{2}\right) = \frac{3}{4},$$

$$P\left(\frac{3}{2} < X \leqslant \frac{5}{2}\right) = F\left(\frac{5}{2}\right) - F\left(\frac{3}{2}\right) = \frac{7}{8} - \frac{3}{4} = \frac{1}{8},$$

$$\begin{aligned} P(2 \leqslant X \leqslant 3) &= P(2 < X \leqslant 3) + P(X = 2) \\ &= F(3) - F(2) + P(X = 2) \\ &= 1 - \frac{7}{8} + \frac{1}{8} = \frac{1}{4}. \end{aligned}$$

以上概率也可以用分布律来计算,如

$$P\left(X \leqslant \frac{3}{2}\right) = P(X = 0) + P(X = 1) = \frac{1}{2} + \frac{1}{4} = \frac{3}{4},$$

$$P\left(\frac{3}{2} < X \leqslant \frac{5}{2}\right) = P(X = 2) = \frac{1}{8},$$

$$P(2 \leqslant X \leqslant 3) = P(X = 3) + P(X = 2) = \frac{1}{8} + \frac{1}{8} = \frac{1}{4}.$$

2.2.2 常用的离散分布

下面介绍几种重要的离散型随机变量的概率分布.

1. 0—1 分布

若随机变量 X 的分布律为

$$P(X = k) = p^k (1-p)^{1-k}, k = 0, 1, (0 < p < 1),$$

则称 X 服从以 p 为参数的 **(0—1)分布**.

0—1 分布的分布律也可写成

X	0	1
P	$1-p$	p

若某个随机试验 E 的结果只有两个,如检验某种产品是否为合格品,某一次试验是否成功,关心某电话交换台在某时间间隔内的呼叫次数是小于 100 还是大于等于 100,掷一枚均匀的硬币是否出现正面,等等,它们的样本空间为 $\Omega = \{\omega_1, \omega_2\}$,则总能定义一个服从 **0—1 分布**的随机变量:

$$X = \begin{cases} 1, & \text{当 } \omega_1 \text{ 发生时}; \\ 0, & \text{当 } \omega_2 \text{ 发生时}. \end{cases}$$

也就是说,它们都可以用 **0－1 分布**来描述,只不过对不同的问题,0－1 分布中的参数 p 的取值不同而已. 可见,0－1 分布是经常遇到的一种分布.

2. 二项分布

产生二项分布的背景是 n 重伯努利试验,即将一个试验独立地重复进行 n 次,而每次试验只关心某结果 A 是否出现. 现在来研究的是在这 n 次试验中,结果 A 出现次数 X 的概率分布.

先举一个简单的例子:设某射手每射一发子弹命中目标的概率 $P(A) = p$ ($0 < p < 1$),现对同一目标重复射击 3 发子弹,试求恰有 2 发命中目标的概率.

解 设事件
$$A_i = \{第\ i\ 发子弹命中目标\}, i = 1, 2, 3;$$
$$B = \{恰好\ 2\ 发命中目标\}$$

由此可得:$B = A_1 A_2 \overline{A_3} + A_1 \overline{A_2} A_3 + \overline{A_1} A_2 A_3$

由于 A_1、A_2、A_3 相互独立,故有
$$P(A_1 A_2 \overline{A_3}) = P(A_1) P(A_2) P(\overline{A_3}) = p^2 (1-p)$$

类似地
$$P(A_1 \overline{A_2} A_3) = P(\overline{A_1} A_2 A_3) = p^2 (1-p)$$

$$P(B) = 3 p^2 (1-p) = C_3^2 p^2 (1-p) = C_3^2 p^2 (1-p)^{3-2}$$

以此类推:同一目标重复射击 4 发子弹,试求恰有 2 发命中目标的概率为:
$$P(C) = C_4^2 p^2 (1-p)^2 = C_4^2 p^2 (1-p)^{4-2}$$

一般来说,在 n 重伯努利试验中,每次试验事件 A 出现的概率 $P(A) = p$ ($0 < p < 1$),则事件 A 出现的次数 X 的概率分布律为:

$$P(X = k) = C_n^k p^k (1-p)^{n-k}, k = 0, 1, 2, \cdots, n. \tag{2.2.4}$$

其中 $0 < p < 1, p + q = 1$,则称 X 服从参数为 n, p 的二项分布,记作 $X \sim B(n, p)$.

特别地,当 $n = 1$ 时,二项分布为 $P(X = k) = p^k q^{1-k}, k = 0, 1$. 这就是 0－1 分布,故当 X 服从 0－1 分布时,常记为 $X \sim B(1, p)$.

例 2.2.2 某厂长有 7 个顾问,假定每个顾问贡献正确意见的概率是 0.6,且设顾问与顾问之间是否贡献正确意见相互独立. 现对某事可行与

否个别征求各顾问的意见,并按多数顾问的意见作出决策,试求作出正确决策的概率.

解 设 X 表示 7 个顾问中贡献正确意见的人数,则 X 可能的取值为 $0,1,2,\cdots,7$.(此题可以理解为在一个 7 重伯努利实验中恰有 k 个顾问贡献出正确意见的概率),记作 $X \sim B(7,0.6)$. 因此 X 的分布律为

$$P(X=k) = C_7^k \, 0.6^k \, 0.4^{7-k}, k=0,1,2,\cdots,7.$$

进而,所求概率为

$$P(X \geqslant 4) = P(X=4) + P(X=5) + P(x=6) + P(X=7)$$
$$= \sum_{k=4}^{7} C_7^k (0.6)^k (0.4)^{7-k} = 0.7102$$

 2.2.3 从某大学到火车站途中有 6 个交通岗,假设在各个交通岗是否遇到红灯相互独立,并且遇到红灯的概率都是 1/3. 试求

(1) 设 X 为汽车行驶途中遇到的红灯数,求 X 的分布律;

(2) 求汽车行驶途中至少遇到 5 次红灯的概率.

解 (1) 由题意 $X \sim B\left(6, \dfrac{1}{3}\right)$,故 X 的分布律为:

$$P(X=k) = C_6^k \left(\dfrac{1}{3}\right)^k \left(\dfrac{2}{3}\right)^{6-k}, k=0,1,\cdots,6$$

(2) $P(X \geqslant 5) = P(X=5) + P(X=6) = C_6^5 \left(\dfrac{1}{3}\right)^5 \left(\dfrac{2}{3}\right) + \left(\dfrac{1}{3}\right)^6 = \dfrac{13}{729}.$

3. 泊松分布

若随机变量 X 的分布律为

$$P(X=k) = \dfrac{\lambda^k}{k!} e^{-\lambda}, k=0,1,2,\cdots, \quad (2.2.5)$$

其中 $\lambda > 0$ 是常数,则称 X 服从参数为 λ 的泊松分布,记为 $X \sim P(\lambda)$.

易知泊松分布分布律的性质

$$P(X=k) = \dfrac{\lambda^k}{k!} e^{-\lambda} \geqslant 0, k=0,1,2,\cdots.$$

$$\sum_{k=0}^{+\infty} P(X=k) = \sum_{k=0}^{+\infty} \dfrac{\lambda^k}{k!} e^{-\lambda} = e^{-\lambda} \sum_{k=0}^{+\infty} \dfrac{\lambda^k}{k!} = e^{-\lambda} \cdot e^{\lambda} = 1.$$

具有泊松分布的随机变量在实际应用中是很多的. 例如,一本书一页中的印刷错误数、某地区在一天内邮递遗失的信件数,在每个时段内电话

交换台收到的电话的呼唤次数,某商店在一天内的顾客数,在某时段内的某放射性物质发出的经过计数器的 α 粒子数等. 泊松分布也是一种常见的重要分布.

例 2.2.4 某人独立地射击,设每次射击的命中率为 0.02,射击 400 次,求至少击中目标两次的概率.

解 把每次射击看成一次试验,设击中的次数为 X,则 $X \sim B(400, 0.02)$,X 的分布律为

$$P(X = k) = C_{400}^{k}(0.02)^{k}(0.98)^{400-k}, k = 0, 1, \cdots, 400,$$

于是所求概率为

$$P(X \geqslant 2) = 1 - P(X = 0) - P(X = 1)$$
$$= 1 - (0.98)^{400} - 400 \cdot (0.02) \cdot (0.98)^{399}$$
$$= 0.9972.$$

在上例二项分布方法的计算中,直接计算是很麻烦的,下面给出一个当试验次数 n 很大,每一次试验发生概率 p 很小时近似计算的一个定理.

泊松定理(Poisson) 设 $\lambda > 0$ 是一常数,n 是正整数. 若 $\lambda = np$,则对任一固定的非负整数 k,有 $\lim\limits_{n \to +\infty} C_n^k p_n^k (1-p_n)^{n-k} = \dfrac{\lambda^k}{k!} e^{-\lambda}$.

定理的条件 $\lambda = np$,意味着 n 很大时,p 必定很小,由泊松定理知,当 $X \sim B(n, p)$,且 n 很大而 p 很小时,有

$$P(X = k) = C_n^k p^k (1-p)^{n-k} \approx \frac{\lambda^k}{k!} e^{-\lambda} \quad (2.2.6)$$

其中 $\lambda = np$. 在实际计算中,当 $n \geqslant 20, p \leqslant 0.05$ 时,式(2.2.6)的近似值效果颇佳,而 $n \geqslant 100$ 且 $np \leqslant 10$ 时,效果更好. $\dfrac{\lambda^k}{k!} e^{-\lambda}$ 的值有表可查(见书后附表).

在例 2.2.4 中,$np = 8$,由式(2.2.6)知

$$P(X = 0) \approx e^{-8}, P(X = 1) \approx 8e^{-8}.$$

因此

$$P(X \geqslant 2) \approx 1 - e^{-8} - 8e^{-8} = 0.997.$$

例 2.2.4 的结果告诉我们两个事实:

其一,虽然每次射击的命中率很小(为 0.02),但射击次数足够大(为 400 次),则击中目标两次几乎是肯定的(概率为 0.997). 这个事实告诉我们,一

个事件尽管在一次实验中发生的概率很小,但在大量的独立重复试验中这个事件的发生几乎是必然的. 也就是说,小概率事件在大量独立重复试验中是不可忽视的.

其二,若射手在 400 次独立射击中,击中目标的次数不到两次是一件概率很小的事件,若这事件在一次试验中发生了,则根据实际推断,我们有理由怀疑"每次射击的命中率为 0.02"这一假设是否正确,即可认为射手射击的命中率达不到 0.02.

泊松定理表明,若 $X \sim B(n,p)(\lambda = np)$,则当 $n \to +\infty$ 时,$X \sim P(\lambda)$,这个事实也说明了泊松分布在理论上的重要性.

例 2.2.5 现有同型设备 300 台,各台设备的工作是相互独立的,发生故障的概率都是 0.01. 设一台设备的故障可由一名维修工人处理,问至少需配备多少名维修工人,才能保证设备发生故障但不能及时维修的概率小于 0.01?

解 设需配备 N 名工人,X 为同一时刻发生故障的设备的台数,则 $X \sim B(300, 0.01)$. 所需解决的问题是确定 N 最小值,使

$$P(X \leqslant N) \geqslant 0.99.$$

因 $np = \lambda = 3,$,由泊松定理

$$P(X \leqslant N) \approx \sum_{k=0}^{N} \frac{3^k}{k!} e^{-3},$$

故问题转化为求 N 的最小值,使

$$\sum_{k=0}^{N} \frac{3^k}{k!} e^{-3} \geqslant 0.99. \quad 即 \quad 1 - \sum_{k=0}^{N} \frac{3^k}{k!} e^{-3} = \sum_{k=N+1}^{+\infty} \frac{3^k}{k!} e^{-3} \leqslant 0.01$$

查书后附表可知,当 $N \geqslant 8$ 时,上式成立. 因此,为达到上述要求,至少需配备 8 名维修工人.

类似的问题在其他领域也会遇到,如电话交换台接线员的配备,机场供飞机起降的跑道数的确定等.

例 2.2.6 现有 90 台同类型的设备,各台设备的工作是相互独立的,发生故障的概率都是 0.01,且一台设备的故障能由一个人处理. 配备维修工人的方法有两种,一种是由三人分开维护,每人负责 30 台;另一种是由 3 人

共同维护 90 台. 试比较两种方法在设备发生故障不能及时维修的概率的大小.

解 设 $A_i(i=1,2,3)$ 为第 i 个人负责的 30 台设备发生故障而无人修理的事件. X_i 表示第 i 个人负责的 30 台设备中同时发生故障的设备台数,则
$$X_i \sim B(30,0.01), \lambda = np = 0.3.$$

由式(2.2.6)知
$$P(A_i) = P(X_i \geqslant 2) \approx \sum_{k=2}^{+\infty} \frac{(0.3)^k}{k!} e^{-0.3} = 0.0369.$$

而 90 台设备发生故障无人修理的事件为 $A_1 \bigcup A_2 \bigcup A_3$,故采用第一种配备维修工人的方法时,所求概率为
$$P(A_1 \bigcup A_2 \bigcup A_3) = 1 - p(\overline{A_1}\overline{A_2}\overline{A_3}) = 1 - P(\overline{A_1})P(\overline{A_2})P(\overline{A_3})$$
$$= 1 - (1 - 0.0369)^3 = 0.1067.$$

在采用第二种配备维修工人的方法时,设 X 为 90 台设备中同时发生故障的设备台数,则 $X \sim B(90,0.01), \lambda = np = 0.9$,而所求概率为
$$P(X \geqslant 4) \approx \sum_{k=4}^{+\infty} \frac{(0.9)^k}{k!} e^{-0.9} = 0.0135$$

由于 $0.0135 < 0.1067$,显然共同负责比分块负责的维修效率提高了.

 2.2.7 某商店出售某种商品,据历史记录分析,每月销售量服从参数 $\lambda = 5$ 的泊松分布. 问在月初进货时,要库存多少件此种商品,才能以 0.999 的概率充分满足顾客的需要?

解 用 X 表示每月销量,则 $X \sim P(\lambda) = P(5)$. 由题意,要求 k,使得 $P(X \leqslant k) \geqslant 0.999$,即
$$\sum_{i=0}^{k} P(X=i) = \sum_{i=0}^{k} \frac{5^i}{i!} e^{-5} \geqslant 0.999$$
$$\sum_{i=k+1}^{+\infty} \frac{5^i}{i!} e^{-5} = 1 - \sum_{i=0}^{k} P(X=i) \leqslant 1 - 0.999 = 0.001$$

这里的计算通过查泊松分布表得到,当 $\lambda = 5$,
$$i = k+1 = 14 \text{ 时}, \sum_{i=14}^{+\infty} \frac{5^i}{i!} e^{-5} = 0.000698 < 0.001,$$
$$i = k+1 = 13 \text{ 时}, \sum_{i=13}^{+\infty} \frac{5^i}{i!} e^{-5} = 0.002019 > 0.001.$$

故 $k+1 = 14, k = 13$ 即月初进货库存要 13 件.

2.2.8 设某国每对夫妇的子女数 X 服从参数为 λ 的泊松分布,且知一对夫妇有不超过 1 个孩子的概率为 $3e^{-2}$. 求任选一对夫妇至少有 3 个孩子的概率.

解 由题意知

由于 $X \sim p(\lambda)$,且 $P(X \leqslant 1) = P(X=0) + P(X=1) = 3e^{-2}$,

即 $e^{-\lambda} + \lambda e^{-\lambda} = 3e^{-2} \Rightarrow \lambda = 2$,

$$P(X \geqslant 3) = 1 - P(X=0) - P(X=1) - P(X=2)$$
$$= 1 - e^{-2} - \frac{2^1}{1!}e^{-2} - \frac{2^2}{2!}e^{-2} = 1 - 5e^{-2} \approx 0.323.$$

4. 几何分布

几何分布产生的背景,依然是 n 重伯努利试验,不过,现在讨论的是在伯努利试验中事件 A 在第 k 次试验中首次发生的概率,要使事件 A 在第 k 次试验中首次发生,必须满足在前 $k-1$ 次试验中 A 均不发生,即 $\bar{A}$ 发生,而在第 k 次试验中事件 A 发生.

设随机变量 X 的可能取值是 $1,2,3,\cdots$,且

$$P(X=k) = (1-p)^{k-1}p = q^{k-1}p, k=1,2,3,\cdots, \quad (2.2.7)$$

其中 $0 < p < 1$ 是参数,则称随机变量 X 服从参数 p 的几何分布.

 2.2.9 一个人要开门,他共有 n 把钥匙,其中仅有一把钥匙是能打开这门的,他随机地选取一把钥匙开门,即在每次试开时每一把钥匙都以概率 $\frac{1}{n}$ 被使用,这人在第 s 次试开成功的概率是多少?

解 这是一个伯努利试验,$p = \frac{1}{n}$,故所求概率为

$$P = \left(\frac{n-1}{n}\right)^{s-1} \cdot \frac{1}{n}$$

§2.3 连续型随机变量及其概率密度

在上一节中给出了离散型随机变量的定义、性质及应用,对于非离散型随机变量而言,由于其可能的取值不能一一列举出来,因而就不能像离散型

随机变量那样可以用分布律来描述它. 另外,我们通常所遇到的非离散型随机变量取任一指定的实数值的概率都等于 0,对于上述情形就是我们本节将学习的连续型随机变量的相关内容.

2.3.1 连续型随机变量及其概率密度

> **定义 2.3.1** 设 $F(x)$ 是随机变量 X 的分布函数,若存在非负实值可积函数 $f(x)$,使对任意实数 x,有
> $$F(x) = \int_{-\infty}^{x} f(t)\mathrm{d}t \qquad (2.3.1)$$
> 则称 X 为**连续型随机变量**. 称 $f(x)$ 为 X 的**概率密度函数**或**密度函数**,也称为**概率密度**.

由式(2.3.1)知,连续型随机变量的分布函数是连续函数,且在式(2.3.1)中改变密度函数 $f(x)$ 在个别点上的函数值,不会改变分布函数 $F(x)$ 的取值,可见密度函数不是唯一的.

由定义可知,密度函数 $f(x)$ 有以下性质:

(1) $f(x) \geqslant 0, \int_{-\infty}^{+\infty} f(t)\mathrm{d}t = F(+\infty) = 1$;

(2) $P(x_1 < X \leqslant x_2) = F(x_2) - F(x_1) = \int_{x_1}^{x_2} f(t)\mathrm{d}t \,(x_1 \leqslant x_2)$;

(3) 若 $f(x)$ 在点 x 处连续,则 $\dfrac{\mathrm{d}F(x)}{\mathrm{d}x} = f(x)$.

由性质(3)知在 $f(x)$ 的连续点 x 处有
$$f(x) = F'(x) = \lim_{\Delta x \to 0^+} \frac{F(x+\Delta x) - F(x)}{\Delta x} = \lim_{\Delta x \to 0^+} \frac{P(x < X \leqslant x+\Delta x)}{\Delta x},$$

它表示了随机变量 X 在区间 $(x, x+\Delta x]$ 上的平均概率,其与物理学中线密度的定义类似,故称 $f(x)$ 为密度函数. 若不计高阶无穷小,则当 Δx 很小时,由上式可得 $P(x < X \leqslant x+\Delta x) \approx f(x)\Delta x$,它表示 X 落在小区间 $(x, x+\Delta x]$ 里的概率近似地等于 $f(x)\Delta x$,它在连续型随机变量理论中所起的作用与 $P(X = x_i) = p_i, i = 1, 2, \cdots$ 在离散型随机变量理论中所起的作用相类似.

若一个函数满足性质(1),则它可以是某个随机变量的密度函数.

由性质(1)知,介于曲线 $y=f(x)$ 与 Ox 轴之间平面图形的面积为1(图2.3.1),由性质(2)知,X 落在区间 $(x_1,x_2]$ 里的概率等于图2.3.2中阴影部分的面积.

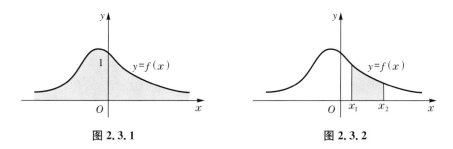

图 2.3.1　　　　　　　　　图 2.3.2

特别需要指出的是,对于连续型随机变量 X 来说,它取任一指定的实数值 x_0 的概率为零,即 $p(X=x_0)=0$.

据此,对连续型随机变量 X,有
$$P(a<X\leqslant b)=P(a\leqslant X\leqslant b)=P(a<X<b)$$
$$=P(a\leqslant X<b)=F(b)-F(a),\ a\leqslant b,$$
即在计算 X 落在某区间里的概率时,可以不考虑区间是开的、闭的或半开半闭的情况.

这里,事件 $\{X=x_0\}$ 并非不可能事件,它是会发生的,也就是说零概率事件也是有可能发生的. 如 X 为被测试的灯泡的寿命,若灯泡的寿命都在1000个小时以上,则 $P(X=1000)=0$,但是事件 $\{X=1000\}$ 是一定会发生的,否则就不会出现事件 $\{X>1000\}$ 了. 可见,不可能事件的概率为零,但概率为零的事件不一定是不可能事件.同理,必然事件的概率为1,但概率为1的事件不一定是必然事件.

例 2.3.1 设随机变量 X 具有概率密度函数 $f(x)=\begin{cases}Ae^{-3x},x\geqslant 0;\\ 0,x<0.\end{cases}$

(1) 试确定常数 A;

(2) 求 X 的分布函数;

(3) 求概率 $P(-1<X<3)$.

解 (1) 由概率密度的性质(1)有
$$1=\int_{-\infty}^{+\infty}f(x)\mathrm{d}x=\int_{0}^{+\infty}Ae^{-3x}\mathrm{d}x=\frac{1}{3}A,$$

解之得 $A=3$，即 X 的概率密度为

$$f(x) = \begin{cases} 3e^{-3x}, & x \geqslant 0; \\ 0, & x < 0. \end{cases}$$

(2) 当 $x < 0$ 时，X 的分布函数

$$F(x) = \int_{-\infty}^{x} f(t)dt = \int_{-\infty}^{x} 0 dt = 0;$$

当 $x \geqslant 0$ 时，X 的分布函数

$$F(x) = \int_{-\infty}^{x} f(t)dt = \int_{-\infty}^{0} 0 dt + \int_{0}^{x} 3e^{-3t}dt = 1 - e^{-3x};$$

综上，X 的分布函数为

$$F(x) = \int_{-\infty}^{x} f(t)dt = \begin{cases} 1 - e^{-3x}, & x \geqslant 0; \\ 0, & x < 0. \end{cases}$$

(3) 法一：$P(-1 < X < 3) = \int_{-1}^{3} f(x)dx = \int_{-1}^{0} 0 dx + \int_{0}^{3} 3e^{-3x}dx = 1 - e^{-9}$；

法二：由(2)可知：$P(-1 < X < 3) = F(3) - F(-1) = 1 - e^{-9}$.

2.3.2 常用的连续分布

下面介绍几种重要的连续型随机变量.

1. 均匀分布

若随机变量 X 具有概率密度函数

$$f(x) = \begin{cases} \dfrac{1}{b-a}, & a < x < b; \\ 0, & \text{其他}, \end{cases}$$

则称 X 在区间 (a,b) 上服从**均匀分布**，记为 $X \sim U(a,b)$.

在 (a,b) 上服从均匀分布的随机变量 X，具有下述等可能性：即它落在区间 (a,b) 中任意长度相同的子区间的概率是相同的，或者说 X 落在子区间里的概率只依赖于子区间的长度而与子区间的位置无关. 事实上对于任一长度为 l 的子区间 $(c, c+l], a \leqslant c < c+l \leqslant b$ 有

$$P(c < X < c+l) = \int_{c}^{c+l} f(x)dx = \int_{c}^{c+l} \frac{1}{b-a}dx = \frac{l}{b-a}.$$

在 (a,b) 上服从均匀分布的随机变量 X 的分布函数为

$$F(x) = \begin{cases} 0, & x < a; \\ \dfrac{x-a}{b-a}, & a \leqslant x < b; \\ 1, & b \leqslant x. \end{cases}$$

$f(x)$ 和 $F(x)$ 的图形分别如图 2.3.3 和图 2.3.4 所示.

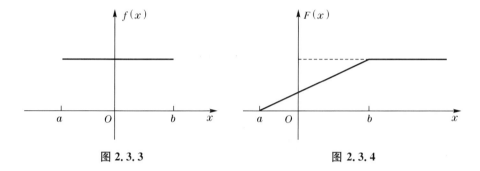

图 2.3.3　　　　　　　　图 2.3.4

例 2.3.2 设随机变量 X 服从 $(1,6)$ 上的均匀分布,求一元两次方程 $t^2 + Xt + 1 = 0$ 有实根的概率.

解 因为当 $\Delta = X^2 - 4 \geqslant 0$ 时 $t^2 + Xt + 1 = 0$ 有实根,故所求概率为 $P(X^2 - 4 \geqslant 0) = P(X \geqslant 2 \text{ 或 } X \leqslant -2) = P(X \geqslant 2) + P(X \leqslant -2)$.
而 X 的密度函数为 $f(x) = \begin{cases} 1/5, & 1 < x < 6; \\ 0, & \text{其他}, \end{cases}$

且

$$P(X \geqslant 2) = \int_2^6 f(t) \mathrm{d}t = \frac{4}{5}, P(X \leqslant -2) = 0,$$

因此所求概率 $P(X^2 - 4 \geqslant 0) = 4/5$.

2. 正态分布

若随机变量 X 的概率密度函数为

$$f(x) = \frac{1}{\sqrt{2\pi}\sigma} \mathrm{e}^{-\frac{(x-\mu)^2}{2\sigma^2}}, -\infty < x < +\infty.$$

其中 μ 和 σ 为常数,且 $\sigma > 0$,则称随机变量 X 服从参数为 μ 和 σ 的**正态分布**,记作 $X \sim N(\mu, \sigma^2)$.

X 的分布函数为

$$F(x) = \frac{1}{\sqrt{2\pi}\sigma} \int_{-\infty}^{x} e^{-\frac{(t-\mu)^2}{2\sigma^2}} dt$$

$f(x)$ 和 $F(x)$ 的图形见图 2.3.5 和图 2.3.6.

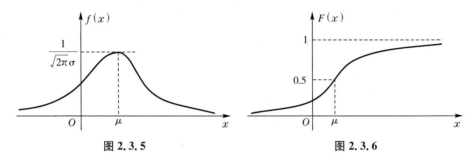

图 2.3.5　　　　　　　　　图 2.3.6

曲线 $y=f(x)$ 以 $x=\mu$ 为对称轴,以 Ox 轴为水平渐近线,在 $x=\mu\pm\sigma$ 处有拐点,当 $x=\mu$ 时取最大值 $1/\sqrt{2\pi\sigma^2}$.

另外,当 σ 固定,改变 μ 的值,$y=f(x)$ 的图形沿 Ox 轴平移而不改变形状,故 μ 又称为位置参数(见图 2.3.7).若 μ 固定,改变 σ 的值,则 $y=f(x)$ 的图形的形状随着 σ 的增大而变得平坦,故 σ 称为形状参数.

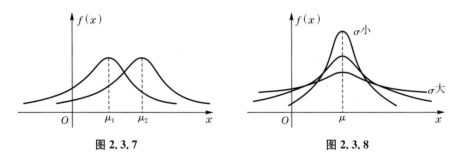

图 2.3.7　　　　　　　　　图 2.3.8

参数 $\mu=0,\sigma=1$ 的正态分布称为标准正态分布,记为 $X\sim N(0,1)$,其密度函数记为

$$\varphi(x) = \frac{1}{\sqrt{2\pi}} e^{-\frac{x^2}{2}}, \quad -\infty < x < +\infty,$$

分布函数为

$$\Phi(x) = \frac{1}{\sqrt{2\pi}} \int_{-\infty}^{x} e^{-\frac{t^2}{2}} dt.$$

关于 $\Phi(x)$ 的函数值,已编制成表可供查用(见教材附表).当 $x<0$ 时,

可由 $\Phi(x) = 1 - \Phi(-x)$ 来查得 $\Phi(x)$ 的函数值,这是因为 $\Phi(x)$ 的函数值是图 2.3.9 中阴影部分的面积,而 $y = \varphi(x)$ 又是关于 Oy 轴对称的. 当 $x < 0$ 时,图 2.3.10 中左边阴影部分等于 $\Phi(x)$,右边阴影部分的面积等于 $1 - \Phi(-x)$,由 $y = \varphi(x)$ 的对称性,可知它们是相等的.

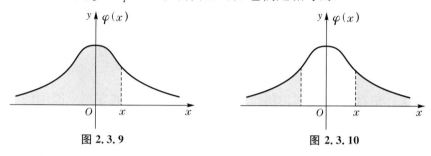

图 2.3.9　　　　　　　　图 2.3.10

3. 指数分布

若随机变量 X 具有概率密度函数

$$f(x) = \begin{cases} \lambda e^{-\lambda x}, & x \geqslant 0; \\ 0, & x < 0, \end{cases}$$

其中 $\lambda > 0$ 是常数,则称 X 服从以 λ 为参数的指数分布,记作 $X \sim Exp(\lambda)$. 此时有 X 的分布函数为

$$F(x) = \begin{cases} 1 - e^{-\lambda x}, & x \geqslant 0; \\ 0, & x < 0. \end{cases}$$

例 2.3.3 顾客在某银行窗口等待服务的时间 X 服从参数为 $1/5$ 的指数分布, X 的计时单位为分钟. 若等待时间超过 10 分钟,则他就离开. 设他一个月内要来银行 5 次,以 Y 表示一个月内他没有等到服务而离开窗口的次数,求随机变量 Y 的概率分布律及至少有一次没有等到服务的概率 $P(Y \geqslant 1)$.

解 由题意不难看出 $Y \sim B(5, p)$ 而其中的概率 $p = P(X > 10)$,现 X 的概率密度函数为

$$f(x) = \begin{cases} \dfrac{1}{5} e^{-x/5}, & x \geqslant 0; \\ 0, & x < 0. \end{cases}$$

因此

$$p = P(X > 10) = \int_{10}^{+\infty} \frac{1}{5} e^{-t/5} dt = -e^{-t/5} \Big|_{10}^{+\infty} = e^{-2}.$$

由此知 Y 的分布律为
$$P(Y=k) = C_5^k (e^{-2})^k (1-e^{-2})^{5-k}, k = 0, 1, \cdots, 5.$$
于是
$$P(Y \geqslant 1) = 1 - P(Y = 0) = 1 - (1 - e^{-2})^5 \approx 0.5167.$$

§2.4 随机变量函数的分布

在实际中,我们常要讨论随机变量函数的分布.例如在测量圆轴的截面积时,往往只能测量到圆轴的直径 d,然后由函数 $A = \pi d^2/4$ 得到截面积的值.在这一节中,我们讨论如何由已知随机变量 X 的分布去求它的函数 $Y = g(X)$ 的分布,这里 $y = g(x)$ 是已知的连续函数.

2.4.1 离散型随机变量函数的分布

设随机变量 X 的分布律为
$$P(X = x_k) = p_k, k = 1, 2, 3, \cdots.$$
则当 $Y = g(X)$ 的所有取值为 $y_j (j = 1, 2, \cdots)$ 时,随机变量 Y 有分布律
$$P(Y = y_j) = q_j, j = 1, 2, 3, \cdots$$
其中 q_j 是所有满足 $g(x_i) = y_j$ 的 x_i 对应的 X 的概率 $P(X = x_i) = p_i$ 的和,即
$$P(Y = y_i) = \sum_{g(x_i) = y_j} P(X = x_i)$$

 2.4.1 设随机变量 X 有以下分布律

X	-1	0	1	2
P	0.2	0.3	0.1	0.4

试求:
(1) 随机变量 $Y = 3X + 2$ 的分布律;
(2) 随机变量 $Z = (X - 1)^2$ 的分布律;

解 (1)列表

X	-1	0	1	2
$Y=3X+2$	-1	2	5	8
P	0.2	0.3	0.1	0.4

由上表可得 $Y=3X+2$ 的分布律

Y	-1	2	5	8
P	0.2	0.3	0.1	0.4

(2)解法一:列表

X	-1	0	1	2
$Z=(X-1)^2$	4	1	0	1
P	0.2	0.3	0.1	0.4

综上 Z 的分布律为

Z	0	1	4
P	0.1	0.7	0.2

解法二:由已知可得,Z 的所有可能取值为 $0,1,4$.

$P(Z=0)=P((X-1)^2=0)=P(X=1)=0.1$

$P(Z=1)=P((X-1)^2=1)=P(X=0)+P(X=2)=0.7$

$P(Z=4)=P((X-1)^2=4)=P(X=-1)=0.2$

可得 Y 的分布律为

Z	0	1	4
P	0.1	0.7	0.2

一般来说,若 X 的分布律为

X	x_1	x_2	$\cdots$	x_k	$\cdots$
$P(X=x_i)$	p_1	p_2	$\cdots$	p_k	$\cdots$

则 $Y = g(X)$ 的分布律为

Y	$g(x_1)$	$g(x_2)$	⋯	$g(x_i)$	⋯
P	p_1	p_2	⋯	p_i	⋯

若 $g(x_1), g(x_2), \cdots, g(x_i), \cdots$ 有相等值时,则应将那些相等的值合并,并根据概率加法公式把相应的概率 p_i 相加,此时

$$P(Y = g(x_i)) = \sum_{k: f(x_k) = g(x_i)} P(X = x_k)$$

2.4.2 连续型随机变量函数的分布

若 X 是连续型随机变量,X 的函数 $Y = g(X)$,一般来说,也是一个连续型随机变量.若已知 X 的概率密度为 $f(x)$,通常可以用下述方法(一般称为**分布函数法**),求出 $Y = g(X)$ 的概率密度 $h(y)$.

(1) 先由 X 的值域 Ω_X,确定出 $Y = g(X)$ 的值域 Ω_Y;

(2) 对于任意的 $y \in \Omega_Y$,Y 的分布函数

$$F_Y(y) = P(Y \leqslant y) = P(g(X) \leqslant y) = P(X \in G_y)$$
$$= \int_{G_y} f(x) \mathrm{d}x;$$

(3) 写出 $F_Y(y)$ 在 $(-\infty, +\infty)$ 上的表达式;

(4) 求导可得 $h(y) = F_Y'(y)$.

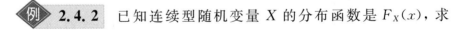 **例 2.4.2** 已知连续型随机变量 X 的分布函数是 $F_X(x)$,求 $Y = X^2$ 的密度函数 $h_Y(y)$.

解 先求 Y 的分布函数 $F_Y(y)$

当 $y < 0$ 时,$F_Y(y) = P(Y \leqslant y) = P(X^2 \leqslant y) = 0$

当 $y > 0$ 时,$F_Y(y) = P(Y \leqslant y) = P(X^2 \leqslant y) = P(-\sqrt{y} < X < \sqrt{y})$
$$= F_X(\sqrt{y}) - F_X(-\sqrt{y})$$

故

$$F_Y(y) = \begin{cases} F_X(\sqrt{y}) - F_X(-\sqrt{y}), & y > 0, \\ 0, & y \leqslant 0, \end{cases}$$

第 2 章 随机变量及其概率分布

从而

$$f_Y(y) = \begin{cases} \dfrac{f_X(\sqrt{y}) - f_X(-\sqrt{y})}{2\sqrt{y}}, & y > 0, \\ 0, & y \leqslant 0, \end{cases}$$

例 2.4.3 设随机变量 $X \sim U(0,1)$，求 $Y = -\ln X$ 概率密度.

解 已知 $\Omega_X = (0,1)$，Y 的取值是 $\Omega_Y = (0, +\infty)$

当 $y \leqslant 0$ 时，$F_Y(y) = P(Y \leqslant y) = 0$

当 $y > 0$ 时，$F_Y(y) = P(Y \leqslant y) = P(\ln X \geqslant -y) = P(X \geqslant e^{-y})$

$$= 1 - F_X(e^{-y})$$

$$f_Y(y) = \frac{d(1 - F_X(e^{-y}))}{dy} = f(e^{-y})e^{-y} = e^{-y}$$

Y 的密度函数：

$$f_Y(y) = \begin{cases} e^{-y}, & y > 0, \\ 0, & y \leqslant 0, \end{cases}$$

因此，$Y \sim Exp(1)$.

例 2.4.4 设随机变量 X 具有概率密度函数

$$f_X(x) = \begin{cases} x/8, & 0 < x < 4; \\ 0, & \text{其他}, \end{cases}$$

求随机变量 $Y = e^X - 1$ 的概率密度函数.

解 先求 $Y = e^X - 1$ 的分布函数 $F_Y(y)$.

$$F_Y(y) = P(Y \leqslant y) = P(e^X - 1 \leqslant y) = P(X \leqslant \ln(y+1))$$

$$= \int_{-\infty}^{\ln(y+1)} f_X(x) dx$$

$$= \begin{cases} 0, & y < 0, \\ \dfrac{1}{6}\ln^2(y+1), & 0 \leqslant y < e^4 - 1, \\ 1, & e^4 - 1 \leqslant y. \end{cases}$$

$$f_Y(y) = F_Y'(y) = \begin{cases} \dfrac{\ln(y+1)}{8(y+1)}, & 0 < y < e^4 - 1, \\ 0, & \text{其他}. \end{cases}$$

另外,我们再简要介绍一种求随机变量函数分布的公式法:

定理 2.4.1 设随机变量 X 的概率密度为 $f(x),-\infty<x<+\infty$. 函数 $y=g(x)$ 严格单调且反函数 $x=g^{-1}(y)$ 有连续的导函数,则 $Y=g(X)$ 的概率密度 $h(y)$ 为

$$h(y)=\begin{cases} f(g^{-1}(y))|(g^{-1}(y))'|, & y\in\Omega_Y, \\ 0, & y\notin\Omega_Y, \end{cases}$$

其中,Ω_Y 是 $Y=g(X)$ 的值域.

2.4.3 有关正态分布函数的分布

定理 2.4.2 若随机变量 $X\sim N(u,\sigma^2)$,则 $Y=aX+b\sim N(au+b,a^2\sigma^2)$,即服从正态分布的随机变量的线性函数仍服从正态分布.

推论:若 $X\sim N(u,\sigma^2)$,则 $X^*=\dfrac{X-u}{\sigma}\sim N(0,1)$.

相关阅读

伯努利

雅各布·伯努利(Jakob Bernoulli,1654—1705),伯努利家族代表人物之一,瑞士数学家. 被公认的概率论的先驱之一. 他在概率论方面的工作成果包含在他的论文《推测的艺术》之中. 在这篇著作里,他对概率论作出了若干重要的贡献,其中包括现今称为大数定律的发现. 该论文也记载了雅各布·伯努利论述排列组合的工作. 雅各布·伯努利一生最有创造力的著作就是 1713 年出版的《猜度术》,是组合数学及概率论史的  一件大事,是把数学的又一分支——概率论建立在稳固的数学基础上的首次认真的尝试. 他在这部著作中给出的伯努利数有很多应用. 提出了概率论中的"伯努利定理",这是大数定律的最早形式.

复习题 2

2.1 从 1,2,3,4 四个数码中先后任意取出两个数码(每次取一个,取后不还原),写出下列每个随机变量可能的取值:
(1) $X = $ 两个数码的数字和;
(2) $Y = $ 第一个数码与第二个数码的数字差;
(3) $Z = $ 数码为偶数的个数;
(4) $W = $ 数码为奇数的个数.

2.2 随机投两颗骰子,以 X 表示其点数之和,写出 X 可能的取值及其概率,并求 $P(X > 9)$.

2.3 设随机变量 X 的分布列为
$$P(X=i) = \frac{C}{2^i}, i=1,2,3,4,$$ 求 C 的值.

2.4 某人进行射击,每次射击的命中率为 0.02,独立射击 400 次,求至少击中两次的概率.

2.5 某厂需要 12 只集成电路装配仪表,要到外地采购,已知该型号集成电路的不合格品率为 0.1,问需要采购几只才能以 99% 的把握保证其中合格的集成电路不少于 12 只?

2.6 在 500 个人的团队中,求恰有 6 个人的生日在元旦的概率.

2.7 从某商店过去的销售记录知道,某种商品每月的销售数可以用参数 $\lambda = 10$ 的泊松分布来描述,为了以 95% 以上的把握保证不脱销,问商店在月初至少应进多少件?

2.8 若随机变量 X 只取一个值 a, 即
$$P(X=a) = 1$$
求 X 的分布函数 $F(x)$,并作出图形.

2.9 在 10 台计算机中有 2 台感染了病毒,现在一台一台地抽样检查,求在发现首台未感染病毒者时已经检查过计算机的台数 X 的分布函数.

2.10 已知随机变量 X 的分布函数为
$$F(x) = \begin{cases} 0, & x < 0, \\ \frac{1}{4}, & 0 \leqslant x < 2, \\ \frac{3}{4}, & 2 \leqslant x < 5, \\ 1, & x \geqslant 5, \end{cases}$$
求随机变量 X 的概率分布.

2.11 已知连续型随机变量 X 的分布函数
$$F(x) = \begin{cases} 0, & x < 0, \\ Ax^2, & 0 \leqslant x \leqslant 1, \\ 1, & x > 1, \end{cases}$$
求(1)系数 A;(2) X 落入 $(0.3, 0.7)$ 内的概率;(3) X 的密度函数.

2.12 已知连续型随机变量 X 的分布函数（柯西分布）
$$F(x) = A + B\arctan x$$
求（1）系数 A、B；（2）$P(|X| \leqslant 1)$；（3）X 的密度函数.

2.13 设随机变量 X 的概率密度函数为 $f(x) = \begin{cases} \lambda x, & 0 < x < 2, \\ 0, & \text{其他}, \end{cases}$
求（1）常数 λ；（2）$P(1 < X < 3)$；（3）X 的分布函数 $F(x)$.

2.14 设随机变量 X 的密度函数为
$$f(x) = ce^{-|x|}, -\infty < x < +\infty$$
求（1）常数 c；（2）$P(0 < X < 1)$.

2.15 设随机变量 X 的密度
$$f(x) = \begin{cases} 2x, & 0 < x < 1, \\ 0, & \text{其他}, \end{cases}$$
现对 X 进行 n 次独立重复观测,以 v_n 表示观测值不大于 0.1 的次数,求 v_n 的概率分布.

2.16 某型号电子管寿命（小时）为一随机变量,密度函数为
$$f(x) = \begin{cases} \dfrac{100}{x^2}, & x \geqslant 100, \\ 0, & \text{其他}, \end{cases}$$
某一电子设备内配有 3 个这样的电子管,求电子管使用 150 小时都不需要更换的概率.

2.17 设随机变量 X 和 Y 相互独立,且都服从 $[1,3]$ 上的均匀分布.记事件 $A = \{X \leqslant a\}$, $B = \{Y > a\}$, 已知 $P(A+B) = \dfrac{7}{9}$, 求常数 a.

2.18 设随机变量 X 服从参数 $\lambda = \dfrac{1}{2}$ 的指数分布,计算：(1) $P(X \geqslant 3)$；
(2) $P(X > 6 | X > 3)$.

2.19 设随机变量 $X \sim N(0,1)$, 求：(1) $P(0.02 \leqslant X \leqslant 2.33)$；(2) $P(X < -2)$;
(3) $P(|X| > 3)$.

2.20 设随机变量 $X \sim N(50, 10^2)$, (1)求 $P(X \leqslant 20)$; (2)求 $P(X > 70)$; (3)求常数 a, 使得 $P(X < a) = 0.90$.

2.21 某种电子元件在电源电压不超过 200 伏, 200～240 伏, 超过 240 伏三种情况下损坏的概率分别为 0.1, 0.001 及 0.2, 设电源电压 $X \sim N(220, 25^2)$, 求：(1)此种电子元件的损坏率；(2)此种电子元件损坏时,电源电压在 200～240 伏的概率.

2.22 已知 X 的密度函数是 $f_X(x)$, 且 $Y = 4X - 1$, 求 Y 的密度函数 $f_Y(y)$.

扫一扫,获取参考答案

第 3 章 多维随机变量及其分布

【学习目标】

1. 了解多维随机变量的概念；
2. 理解二维随机变量的联合分布、边缘分布的概念及性质，掌握相应的计算问题，理解联合分布与边缘分布之间的关系；
3. 理解随机变量的独立性的概念，熟练应用随机变量的独立性进行计算；
4. 了解二维均匀分布、二维正态分布.

在实际应用中，有些随机现象需要同时用两个或两个以上的随机变量来描述. 例如，研究某地区学龄前儿童的发育情况时，就要同时抽查儿童的身高 H、体重 W，这里，H 和 W 是定义在同一个样本空间上的两个随机变量. 又如，考察某次射击中弹着点的位置时，就要同时考察弹着点的横坐标 X 和纵坐标 Y. 在这种情况下，我们不但要研究多个随机变量各自的统计规律，而且还要研究它们之间的统计相依关系，因而还需考察它们的联合取值的统计规律，即多维随机变量的分布. 由于从二维推广到多维一般无实质性的困难，故我们重点讨论二维随机变量.

§3.1 二维随机变量

3.1.1 二维随机变量及分布函数

定义 3.1.1 设 Ω 是某随机试验 E 的样本空间,若对任意的 $\omega \in \Omega$,都有确定的两个实数 $X(\omega), Y(\omega)$ 与之对应,则称 (X,Y) 为二维随机变量或二维随机向量.

实际上,二维随机变量是定义在同一样本空间上的一对随机变量. 类似地,我们可以引入 n 维随机变量.

定义 3.1.2 设 (X,Y) 是二维随机变量,对任意实数 x,y,二元函数
$$F(x,y) = P\{(X \leqslant x) \cap (Y \leqslant y)\} \xrightarrow{\text{记为}} P(X \leqslant x, Y \leqslant y)$$
称为二维随机变量 (X,Y) 的分布函数或称为随机变量 X 和 Y 的联合分布函数.

二维随机变量的联合分布函数有如下性质:

(1) $0 \leqslant F(x,y) \leqslant 1$,且对任意固定的 y,$F(-\infty, y) = 0$,对任意固定的 x,$F(x, -\infty) = 0$,$F(-\infty, -\infty) = 0$,$F(+\infty, +\infty) = 1$;

(2) $F(x,y)$ 关于 x 和 y 均为单调不减函数,即

对任意固定的 y,当 $x_2 > x_1$,$F(x_2, y) \geqslant F(x_1, y)$,

对任意固定的 x,当 $y_2 > y_1$,$F(x, y_2) \geqslant F(x, y_1)$;

(3) $F(x,y)$ 关于 x 和 y 均为右连续,即
$F(x,y) = F(x+0, y)$,
$F(x,y) = F(x, y+0)$.

(4) 对任意的 $(x_1, y_1), (x_2, y_2)$,$x_1 < x_2$,$y_1 < y_2$ 有
$P(x_1 < X \leqslant x_2, y_1 < Y \leqslant y_2) = F(x_2, y_2) - F(x_1, y_2) - F(x_2, y_1) + F(x_1, y_1) \geqslant 0$

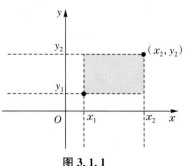

图 3.1.1

注意：上述四条性质是二维随机变量分布函数的最基本的性质，即任何二维随机变量的分布函数都具有这四条性质；更进一步地，我们还可以证明：如果某一二元函数具有这四条性质，那么，它一定是某一二维随机变量的分布函数.

3.1.2 二维离散型随机变量及其概率分布

定义 3.1.3 若二维随机变量 (X,Y) 所有可能取值只有有限对或可列对，则称 (X,Y) 为二维离散型随机变量.

定义 3.1.4 若二维离散型随机变量 (X,Y) 所有可能的取值为 $(x_i, y_j) i,j = 1,2,\cdots$，则称 $P(X = x_i, Y = y_j) = p_{ij}(i,j = 1,2,\cdots)$ 为二维离散型随机变量 (X,Y) 的概率分布(分布律)，或 X 与 Y 的联合概率分布(分布律).

有时也将联合概率分布用表格形式来表示，并称为联合概率分布表：

X \ Y	y_1	y_2	$\cdots$	y_j	$\cdots$
x_1	p_{11}	p_{12}	$\cdots$	p_{1j}	$\cdots$
x_2	p_{21}	p_{22}	$\cdots$	p_{2j}	$\cdots$
$\vdots$	$\vdots$	$\vdots$	$\vdots$	$\vdots$	$\vdots$
x_i	p_{i1}	p_{i2}	$\cdots$	p_{ij}	$\cdots$
$\vdots$	$\vdots$	$\vdots$	$\vdots$	$\vdots$	$\vdots$

二维离散型随机变量联合分布律的性质：

(1) 对任意的 (i,j)，$(i,j = 1,2,\cdots) p_{ij} = P(X = x_i, Y = y_j) \geqslant 0$；

(2) $\sum\limits_{i=1}^{\infty} \sum\limits_{j=1}^{\infty} p_{ij} = 1$.

二维离散型随机变量的联合分布函数：

设二维离散型随机变量 (X,Y) 的联合概率分布为
$$p_{ij}(i,j = 1, \ 2, \ \cdots)$$

于是,(X,Y) 的联合分布函数为

$$F(x,y) = P(X \leqslant x, Y \leqslant y) = P(\bigcup_{x_i \leqslant x, y_j \leqslant y}(X=x_i, Y=y_j))$$

$$= \sum_{x_i \leqslant x}\sum_{y_j \leqslant y} P(X=x_i, Y=y_j) = \sum_{x_i \leqslant x}\sum_{y_j \leqslant y} p_{ij}$$

注意:对离散型随机变量而言,联合概率分布律不仅比联合分布函数更加直观,而且能够更加方便地确定 (X,Y) 取值于任何区域 D 上的概率,即

$$P((X,Y) \in D) = \sum_{(x_i, y_j) \in D} p_{ij},$$

特别地,由联合概率分布可以确定联合分布函数:

$$F(x,y) = P(X \leqslant x, Y \leqslant y) = \sum_{x_i \leqslant x, y_j \leqslant y} p_{ij}.$$

例 3.1.1 从一只装有 3 只黑球和 2 只白球的口袋中取球两次,每次任取一只,取后不放回,令

$$X = \begin{cases} 0, \text{第一次取出白球}, \\ 1, \text{第一次取出黑球}, \end{cases} \quad Y = \begin{cases} 0, \text{第二次取出白球}, \\ 1, \text{第二次取出黑球}, \end{cases}$$

求 (X,Y) 的概率分布.

解 (X,Y) 的所有可能取值为 $(0,0),(0,1),(1,0),(1,1)$,

$$P_{00} = P(X=0, Y=0) = P(X=0)P(Y=0|X=0) = \frac{2}{5} \times \frac{1}{4} = \frac{1}{10}$$

$$P_{01} = P(X=0, Y=1) = P(X=0)P(Y=1|X=0) = \frac{2}{5} \times \frac{3}{4} = \frac{3}{10}$$

$$P_{10} = P(X=1, Y=0) = P(X=1)P(Y=0|X=1) = \frac{3}{5} \times \frac{2}{4} = \frac{3}{10}$$

$$P_{11} = P(X=1, Y=1) = P(X=1)P(Y=1|X=1) = \frac{3}{5} \times \frac{2}{4} = \frac{3}{10}$$

X \ Y	0	1
0	0.1	0.3
1	0.3	0.3

3.1.2 设随机变量 Y 服从参数为 $\lambda = 1$ 的指数分布,随机变量 X_k 定义如下:

$$X_k = \begin{cases} 0, & Y \leqslant k, \\ 1, & Y > k, \end{cases} \quad (k=1,2)$$

求 X_1 和 X_2 的联合概率分布.

解 Y 的分布函数为 $F(y) = \begin{cases} 1-\mathrm{e}^{-y}, & y > 0, \\ 0, & y \leqslant 0, \end{cases}$

(X_1, X_2) 可能取的值只有 4 对:$(0,0),(0,1),(1,0)$ 及 $(1,1)$,

$P(X_1=0, X_2=0) = P(Y \leqslant 1, Y \leqslant 2) = P(Y \leqslant 1) = F(1)$
$= 1 - \mathrm{e}^{-1}$

$P(X_1=0, X_2=1) = P(Y \leqslant 1, Y > 2) = 0$

$P(X_1=1, X_2=0) = P(Y>1, Y \leqslant 2) = P(1 < Y \leqslant 2) = F(2) - F(1)$
$= \mathrm{e}^{-1} - \mathrm{e}^{-2}$

$P(X_1=0, X_2=1) = P(Y>1, Y>2) = P(Y>2) = 1 - F(2)$
$= \mathrm{e}^{-2}$

所以 X_1, X_2 的联合概率分布为

X_1 \ X_2	0	1
0	$1-\mathrm{e}^{-1}$	0
1	$\mathrm{e}^{-1}-\mathrm{e}^{-2}$	e^{-2}

3.1.3 二维连续型随机变量及其概率密度

定义 3.1.5 设 (X,Y) 为二维随机变量,$F(x,y)$ 为其分布函数,若存在一个非负的二元函数 $f(x,y)$,使对任意实数 (x,y),有 $F(x,y) = \int_{-\infty}^{y} \int_{-\infty}^{x} f(u,v) \mathrm{d}u \mathrm{d}v$,则称 (X,Y) 为二维连续型随机变量,并称 $f(x,y)$ 为 (X,Y) 的概率密度(密度函数),或 X,Y 的联合概率密度(联合密度函数).

概率密度函数 $f(x,y)$ 的性质：

(1) $f(x,y) \geqslant 0$；

(2) $\int_{-\infty}^{+\infty}\int_{-\infty}^{+\infty} f(x,y)\mathrm{d}x\mathrm{d}y = F(+\infty,+\infty) = 1$；

(3) 设 G 是 xOy 平面上的区域，点 (X,Y) 落入 G 内的概率为

$$P\{(x,y) \in G\} = \iint_G f(x,y)\mathrm{d}x\mathrm{d}y$$

(4) 若 $f(x,y)$ 在点 (x,y) 连续，则有 $\dfrac{\partial^2 F(x,y)}{\partial x \partial y} = f(x,y)$.

在几何上 $z = f(x,y)$ 表示空间的一个曲面，$P\{(x,y) \in G\}$ 的值等于以 G 为底，以曲面 $z = f(x,y)$ 为顶的柱体体积.

3.1.4 二维均匀分布

设 G 是平面上的有界区域，其面积为 A. 若二维随机变量 (X,Y) 具有概率密度函数 $f(x,y) = \begin{cases} \dfrac{1}{A}, & (x,y) \in G, \\ 0, & 其他, \end{cases}$ 则称 (X,Y) 在 G 上服从**均匀分布**.

例 3.1.3 设二维随机变量 (X,Y) 的密度函数为

$$f(x,y) = \begin{cases} k\mathrm{e}^{-x-2y}, & x > 0, y > 0, \\ 0, & 其他, \end{cases}$$

(1) 求常数 k；(2) 分布函数 $F(x,y)$；(3) $P(X > 1, Y < 1)$；
(4) 求 $P(0 < X < 1, 0 < Y < 2)$；(5) $P(X < Y)$.

解 (1) $1 = \int_{-\infty}^{+\infty}\int_{-\infty}^{+\infty} f(x,y)\mathrm{d}x\mathrm{d}y = k\int_0^{+\infty}\int_0^{+\infty} \mathrm{e}^{-x-2y}\mathrm{d}x\mathrm{d}y$

$= k\int_0^{+\infty} \mathrm{e}^{-x}\mathrm{d}x \cdot \int_0^{+\infty} \mathrm{e}^{-2y}\mathrm{d}y = \dfrac{k}{2}$

所以，$k = 2$.

(2) $F(x,y) = P(X \leqslant x, Y \leqslant y)$，

当 $x \leqslant 0$ 或 $y \leqslant 0$ 时，$F(x,y) = 0$

当 $x > 0$ 且 $y > 0$ 时，

$F(x,y) = P(X \leqslant x, Y \leqslant y) = \int_{-\infty}^{x}\int_{-\infty}^{y} f(u,v)\mathrm{d}u\mathrm{d}v$

$= (1-\mathrm{e}^{-x})(1-\mathrm{e}^{-2y})$

所以, $F(x,y) = \begin{cases} (1-e^{-x})(1-e^{-2y}), & x>0, y>0, \\ 0, & 其他. \end{cases}$

(3) $P(X>1, Y<1) = \int_0^1 dy \int_1^{+\infty} 2e^{-x} e^{-2y} dx = \dfrac{1}{e}\left(1-\dfrac{1}{e^2}\right).$

(4) $P(0<X<1, 0<Y<2) = \iint\limits_{0<x<1, 0<y<2} f(x,y) dx dy$

$= 2\int_0^1 \int_0^2 e^{-(x+2y)} dx dy = 2\int_0^1 e^{-x} dx \cdot \int_0^2 e^{-2y} dy$

$= (1-e^{-1})(1-e^{-4}).$

(5) 把位于 XOY 平面的直线 $x+y=1$ 上方的区域记为 G.

$P(X<Y) = P((x,y) \in G) = \iint\limits_G f(x,y) dx dy$

$= \int_0^{+\infty} \int_x^{+\infty} 2e^{-x-2y} dx dy = \int_0^{+\infty} dx \int_x^{+\infty} 2e^{-x-2y} dy = \dfrac{1}{3}.$

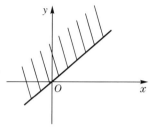

图 3.1.2

§3.2 边缘分布

3.2.1 边缘分布函数

> **定义 3.2.1** 二维随机向量 (X,Y) 作为一个整体,有分布函数 $F(x,y)$,其分量 X 与 Y 都是随机变量,有各自的分布函数,分别记为 $F_X(x), F_Y(y)$ 分别称为 X 的边缘分布函数和 Y 的边缘分布函数.

已知二维随机变量 (X,Y) 的分布函数 $F(x,y)$,则

$F_X(x) = P(X \leqslant x) = P(X \leqslant x, Y < +\infty) = \lim\limits_{y \to +\infty} F(x,y)$
$= F(x, +\infty)$

同理

$F_Y(y) = P\{Y \leqslant y\} = P\{X \leqslant +\infty, Y \leqslant y\} = \lim\limits_{x \to +\infty} F(x,y)$
$= F(+\infty, y)$

故边缘分布函数 $F_X(x), F_Y(y)$ 可由 (X,Y) 的分布函数所确定.

注意：X 与 Y 的边缘分布函数可以看作一维随机变量 X 或 Y 的分布函数. 称其为边缘分布函数是相对于 (X,Y) 的联合分布而言的.

同样的，(X,Y) 的联合分布函数 $F(x,y)$ 是相对于 (X,Y) 的分量 X 与 Y 的分布而言的.

3.2.2　离散型随机变量的边缘概率分布

1. 边缘分布函数

对于二维离散型随机变量 (X,Y)，已知其联合概率分布为

$$P(X=x_i,\ Y=y_j)=p_{ij}(i,j=1,\ 2,\ \cdots),$$

其分布函数为 $F(x,y)=\sum\limits_{x_i\leqslant x}\sum\limits_{y_j\leqslant y}p_{ij}.$

则它关于 X 的边缘分布函数为 $F_X(x)=F(x,+\infty)=\sum\limits_{x_i\leqslant x}\sum\limits_{j=1}^{\infty}p_{ij}$，它关于 Y 的边缘分布函数为 $F_Y(y)=F(+\infty,y)=\sum\limits_{i=1}^{\infty}\sum\limits_{y_j\leqslant y}p_{ij}$

2. 边缘概率分布

随机变量 X 的概率分布

$$p_{i\cdot}=P(X=x_i)=\sum_j P(X=x_i,Y=y_j)$$
$$=p_{i1}+p_{i2}+\cdots+p_{ij}+\cdots=\sum_j p_{ij}$$

同理，随机变量 Y 的分布律为

$$p_{\cdot j}=P(Y=y_j)=\sum_i P(X=x_i,\ Y=y_j)=\sum_i p_{ij}$$

3. 已知联合概率分布求边缘概率分布

X 以及 Y 的边缘概率分布可由下表表示：

Y \ X	y_1	y_2	$\cdots$	y_j	$\cdots$	$p_{i\cdot}$
x_1	p_{11}	p_{12}	$\cdots$	p_{1j}	$\cdots$	$p_{1\cdot}$
x_2	p_{21}	p_{22}	$\cdots$	p_{2j}	$\cdots$	$p_{2\cdot}$
$\vdots$	$\vdots$	$\vdots$	$\vdots$	$\vdots$	$\vdots$	$\vdots$
x_i	p_{i1}	p_{i2}	$\cdots$	p_{ij}	$\cdots$	$p_{i\cdot}$
$\vdots$	$\vdots$	$\vdots$	$\vdots$	$\vdots$	$\vdots$	$\vdots$
$P_{\cdot j}$	$p_{\cdot 1}$	$p_{\cdot 2}$	$\cdots$	$p_{\cdot j}$	$\cdots$	

第 3 章 多维随机变量及其分布

例 3.2.1 设二维随机变量的联合概率分布为

X \ Y	−2	0	1
−1	0.3	0.1	0.1
1	0.05	0.2	0
2	0.2	0	0.05

求 X,Y 的边缘分布律.

解

X \ Y	−2	0	1	$P\{X=x_i\}=p_{i\cdot}$
−1	0.3	0.1	0.1	0.5
1	0.05	0.2	0	0.25
2	0.2	0	0.05	0.25
$P\{X=y_i\}=p_{\cdot j}$	0.55	0.3	0.15	

例 3.2.2 设随机变量 X_1 和 X_2 的分布律分别为

X_1	0	1
P	$\frac{1}{2}$	$\frac{1}{2}$

X_2	−1	0	1
P	$\frac{1}{4}$	$\frac{1}{2}$	$\frac{1}{4}$

且 $P(X_1 X_2 = 0) = 1$,求 X_1 和 X_2 的联合分布律.

解 因 $P(X_1 X_2 = 0) = 1$,故 $P(X_1 X_2 \neq 0) = 0$.

因事件 $(X_1 X_2 \neq 0)$ 是互不相容的事件 $(X_1 = 1, X_2 = -1)$ 与 $(X_1 = 1, X_2 = 1)$ 的和,所以 $P(X_1 = 1, X_2 = -1) = P(X_1 = 1, X_2 = 1) = 0$,即 $p_{21} = 0, p_{23} = 0$.

由 X_1, X_2 的联合概率分布及边缘概率分布表：

X_1 \ X_2	-1	0	1	$p_i.$
0	p_{11}	p_{12}	p_{13}	$\dfrac{1}{2}$
1	$p_{21}=0$	p_{22}	$p_{23}=0$	$\dfrac{1}{2}$
$p._j$	$\dfrac{1}{4}$	$\dfrac{1}{2}$	$\dfrac{1}{4}$	

知 $p_{11}=\dfrac{1}{4}, p_{22}=\dfrac{1}{2}, p_{12}=0, p_{13}=\dfrac{1}{4}.$

故

X_1 \ X_2	-1	0	1
0	$\dfrac{1}{4}$	0	$\dfrac{1}{4}$
1	0	$\dfrac{1}{2}$	0

3.2.3 连续型随机变量的边缘概率密度

对于二维连续型随机变量 (X, Y)，已知其联合密度函数为 $f(x,y)$，现求随机变量 X 的边缘密度函数 $f_X(x)$，由于

$$F_X(x) = P(X \leqslant x) = F(x, +\infty) = \int_{-\infty}^{x} \left[\int_{-\infty}^{+\infty} f(x,y) \mathrm{d}y \right] \mathrm{d}x$$

上式表明：X 是连续型随机变量，且其密度函数为

$$f_X(x) = \int_{-\infty}^{+\infty} f(x,y) \mathrm{d}y,$$

称 $f_X(x)$ 为 (X,Y) 关于 X 的边缘概率分布.

同理，由

$$F_Y(y) = P(Y \leqslant y) = F(+\infty, y) = \int_{-\infty}^{y} \left[\int_{-\infty}^{+\infty} f(x,y) \mathrm{d}x \right] \mathrm{d}y$$

Y 是连续型随机变量,且其密度函数为

$$f_Y(y) = \int_{-\infty}^{+\infty} f(x,y)\mathrm{d}x$$

称 $f_Y(x)$ 为 (X,Y) 关于 Y 的边缘概率密度.

 3.2.3 设 (X,Y) 服从有界区域 G 上的均匀分布,其中 G 是由 x 轴,y 轴及直线 $\dfrac{x}{2}+y=1$ 所围成的三角形区域,求 (X,Y) 关于 X 和 Y 的边缘概率密度.

解 区域 G 的面积为 1,所以 (X,Y) 的概率密度为

$$f(x,y) = \begin{cases} 1, & (x,y) \in G, \\ 0, & 其他, \end{cases}$$

则 (X,Y) 关于 X 的边缘概率密度为

$$f_X(x) = \int_{-\infty}^{+\infty} f(x,y)\mathrm{d}y = \begin{cases} \int_0^{1-\frac{x}{2}} \mathrm{d}y = 1-\dfrac{x}{2}, & 0 \leqslant x \leqslant 2, \\ 0, & 其他. \end{cases}$$

(X,Y) 关于 Y 的边缘概率密度为

$$f_Y(y) = \int_{-\infty}^{+\infty} f(x,y)\mathrm{d}x = \begin{cases} \int_0^{2(1-y)} \mathrm{d}x = 2(1-y), & 0 \leqslant y \leqslant 1, \\ 0, & 其他. \end{cases}$$

 3.2.4 设二维随机变量 (X,Y) 在区域 $G = \{(x,y) \mid 0 \leqslant x \leqslant 1,$ $x^2 \leqslant y \leqslant x\}$ 上服从均匀分布,求边缘概率密度 $f_X(x), f_Y(y)$.

解 (X,Y) 的概率密度

$$f(x,y) = \begin{cases} 6, & 0 \leqslant x \leqslant 1, x^2 \leqslant y \leqslant x, \\ 0, & 其他, \end{cases}$$

则

$$f_X(x) = \int_{-\infty}^{+\infty} f(x,y)\mathrm{d}y$$

$$= \begin{cases} \int_{x^2}^{x} 6\mathrm{d}y = 6(x-x^2), & 0 \leqslant x \leqslant 1, \\ 0, & 其他. \end{cases}$$

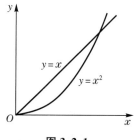

图 3.2.1

$$f_Y(y) = \int_{-\infty}^{+\infty} f(x,y)\mathrm{d}x = \begin{cases} \int_y^{\sqrt{y}} 6\mathrm{d}x = 6(\sqrt{y}-y), & 0 \leqslant y \leqslant 1, \\ 0, & 其他. \end{cases}$$

虽然(X,Y)的联合分布是在G上服从均匀分布,但是它们的边缘分布却不是均匀分布.

3.2.4 二维正态分布

若二维随机变量(X,Y)具有概率密度

$$f(x,y) = \frac{1}{2\pi\sigma_1\sigma_2\sqrt{1-\rho^2}}e^{-\frac{1}{2(1-\rho^2)}\left[\left(\frac{x-\mu_1}{\sigma_1}\right)^2 - 2\rho\left(\frac{x-\mu_1}{\sigma_1}\right)\left(\frac{y-\mu_2}{\sigma_2}\right) + \left(\frac{y-\mu_2}{\sigma_2}\right)^2\right]}$$

其中$\mu_1,\mu_2,\sigma_1,\sigma_2,\rho$均为常数,且$\sigma_1>0,\sigma_2>0,|\rho|<1$,则称$(X,Y)$服从参数为$\mu_1,\mu_2,\sigma_1,\sigma_2,\rho$的二维正态分布.记成$(X,Y) \sim N(\mu_1,\mu_2,\sigma_1,\sigma_2,\rho)$

注意:若$(X,Y) \sim N(\mu_1,\mu_2,\sigma_1,\sigma_2,\rho)$我们不加证明由

$$f_X(x) = \int_{-\infty}^{+\infty} f(x,y)\mathrm{d}y, 得 f_X(x) = \frac{1}{\sqrt{2\pi}\sigma_1}e^{-\frac{(x-\mu_1)^2}{2\sigma_1^2}}.$$

这说明:$X \sim N(\mu_1,\sigma_1^2)$;同理,$Y \sim N(\mu_2,\sigma_2^2)$.因此二维正态随机变量的两个边缘分布都是一维正态分布,且都不依赖于参数ρ,亦即对给定的$\mu_1,\mu_2,\sigma_1,\sigma_2$,不同的$\rho$对应不同的二维正态分布,但它们的边缘分布都是相同的,因此一般来说仅由关于X和关于Y的边缘分布,是不能确定二维随机变量(X,Y)的联合分布的.

§3.3 随机变量的独立性

事件A与B独立的定义是:若$P(AB)=P(A)P(B)$,则称事件A与B相互独立.借助于两个随机事件的相互独立的概念,引入随机变量的相互独立.

3.3.1 随机变量相互独立的概念

定义 3.3.1 设(X,Y)是二维随机变量,其联合分布函数为$F(x,y)$,又随机变量X的分布函数为$F_X(x)$,随机变量Y的分布函数为$F_Y(y)$.如果对于任意的x,y,有$P\{X \leqslant x, Y \leqslant y\} = P\{X \leqslant x\} \cdot P\{Y \leqslant y\}$,则称随机变量$X,Y$相互独立.

注意:(1) 如果随机变量 X 与 Y 相互独立,则由 $F(x,y)=F_X(x)F_Y(y)$ 可知二维随机变量 (X,Y) 的联合分布函数 $F(x,y)$ 可由其边缘分布函数 $F_X(x),F_Y(y)$ 唯一确定.

(2) 随机变量 X 与 Y 相互独立,实际上是指:对任意的 x,y,随机事件 $\{X \leqslant x\}$ 与 $\{Y \leqslant y\}$ 相互独立.

3.3.2 离散型随机变量相互独立的充要条件

如果 (X,Y) 是二维离散型随机变量,其概率分布及边缘概率分布分别为

$$p_{ij}=P(X=x_i,Y=y_j),\ p_{i\cdot}=P(X=x_i)(i=1,2,\cdots),$$
$$p_{\cdot j}=P(Y=y_j)\ (j=1,2,\cdots)$$

则随机变量 X 和 Y 相互独立的充分必要条件是:对 (X,Y) 的所有可能取值 (x_i,y_j) 均有

$$P(X=x_i,Y=y_j)=P(X=x_i)\cdot P(Y=y_j)\ i,j=1,2,\cdots$$

即

$$p_{ij}=p_{i\cdot}p_{\cdot j},i,j=1,2,\cdots$$

例 3.3.1 设二维随机变量 (X,Y) 的联合概率分布为

X \ Y	1	2	3
1	$\frac{1}{6}$	$\frac{1}{9}$	$\frac{1}{18}$
2	$\frac{1}{3}$	α	β

试确定常数 α,β,使得随机变量 X 与 Y 相互独立.

解 由表可得随机变量 X 与 Y 的边缘分布律为

X \ Y	1	2	3	$p_{i\cdot}$
1	$\frac{1}{6}$	$\frac{1}{9}$	$\frac{1}{18}$	$\frac{1}{3}$
2	$\frac{1}{3}$	α	β	$\frac{1}{3}+\alpha+\beta$
$p_{\cdot j}$	$\frac{1}{2}$	$\frac{1}{9}+\alpha$	$\frac{1}{18}+\beta$	

如果随机变量 X 与 Y 相互独立,则有

$$p_{ij} = p_i. p_{.j} (i=1,2; j=1,2,3)$$

由 $\frac{1}{9} = P\{X=1, Y=2\} = P\{X=1\}P\{Y=2\} = \frac{1}{3} \cdot \left(\frac{1}{9} + \alpha\right)$

得 $\alpha = \frac{2}{9}$

又由 $\frac{1}{18} = P\{X=1, Y=3\} = P\{X=1\}P\{Y=3\} = \frac{1}{3} \cdot \left(\frac{1}{18} + \beta\right)$

得 $\beta = \frac{1}{9}$

而当 $\alpha = \frac{2}{9}$, $\beta = \frac{1}{9}$ 时,联合概率分布,边缘概率分布为

Y \ X	1	2	3	$p_i.$
1	$\frac{1}{6}$	$\frac{1}{9}$	$\frac{1}{18}$	$\frac{1}{3}$
2	$\frac{1}{3}$	$\frac{2}{9}$	$\frac{1}{9}$	$\frac{2}{3}$
$p_{.j}$	$\frac{1}{2}$	$\frac{1}{3}$	$\frac{1}{6}$	

可以验证,此时有 $p_{ij} = p_i. p_{.j} (i=1,2; j=1,2,3)$,

因此当 $\alpha = \frac{2}{9}$, $\beta = \frac{1}{9}$ 时,X 与 Y 相互独立.

例 3.3.2 甲、乙两人独立地各进行两次射击,假设甲的命中率为 0.2,乙的命中率为 0.5,以 X 和 Y 分别表示甲和乙的命中次数,试求 X 和 Y 的联合概率分布.

解 因为 X 和 Y 相互独立,所以 X 和 Y 的联合概率分布可由边缘概率分布求得. 因为 $X \sim B(2, 0.2), Y \sim B(2, 0.5)$. 所以 X 和 Y 的边缘概率分布为

$$P(X=k) = C_2^k (0.2)^k (0.8)^{2-k}, k=0,1,2$$

$$P(Y=k) = C_2^k (0.5)^k (0.5)^{2-k}, k=0,1,2$$

列表为

X	0	1	2
$p_i.$	0.64	0.32	0.04

Y	0	1	2
$p._j$	0.25	0.5	0.25

由 X 和 Y 的独立性，X 和 Y 的联合概率分布 $p_{ij} = p_i. \cdot p._j$，故 X 和 Y 的联合概率分别为

	0	1	2
0	0.16	0.32	0.16
1	0.08	0.16	0.08
2	0.01	0.02	0.01

3.3.3 连续型随机变量相互独立的充要条件

如果 (X,Y) 是二维连续型随机变量，其概率密度函数 $f(x,y)$ 及边缘概率密度函数 $f_X(x)$ 和 $f_Y(y)$ 在 xoy 面上除个别点及个别曲线外均连续时，随机变量 X 和 Y 相互独立的充分必要条件是：在 $f(x,y), f_X(x), f_Y(y)$ 的连续点处都有 $f(x,y) = f_X(x)f_Y(y)$.

例 3.3.3 设 $(X,Y) \sim N(\mu_1, \mu_2; \sigma_2^2, \sigma_1^2; \rho)$，证明 X 与 Y 相互独立的充要条件是 $\rho = 0$.

证明 因 $f(x,y) = \dfrac{1}{2\pi\sigma_1\sigma_2\sqrt{1-\rho^2}} e^{-\frac{1}{2(1-\rho^2)}\left[\frac{(x-u_1)^2}{\sigma_1^2} - 2\rho\frac{(x-u_1)(y-u_2)}{\sigma_1\sigma_2} + \frac{(y-u_2)^2}{\sigma_2^2}\right]}$,

$$f_X(x) = \frac{1}{\sqrt{2\pi}\sigma_1} e^{-\frac{(x_1-\mu_1)^2}{2\sigma_1^2}}, \quad f_Y(y) = \frac{1}{\sqrt{2\pi}\sigma_2} e^{-\frac{(y-\mu_2)^2}{2\sigma_2^2}}.$$

"$\Rightarrow$" 若 X 和 Y 相互独立，则对任意 (x,y)，有
$$f(x,y) = f_X(x)f_Y(y)$$
特别地，将 $x = \mu_1, y = \mu_2$ 代入上式，有
$$\frac{1}{2\pi\sigma_1\sigma_2\sqrt{1-\rho^2}} = \frac{1}{\sqrt{2\pi}\sigma_1} \cdot \frac{1}{\sqrt{2\pi}\sigma_2} \text{ 从而 } \rho = 0.$$

"⇐" 将 $\rho=0$ 代入联合概率密度函数,得

$$f(x,y) = \frac{1}{2\pi\sigma_1\sigma_2}e^{-\frac{1}{2}\left[\frac{(x-u_1)^2}{\sigma_1^2}+\frac{(y-u_2)^2}{\sigma_2^2}\right]} = \frac{1}{\sqrt{2\pi}\sigma_1}e^{-\frac{(x-u_1)^2}{2\sigma_1^2}} \cdot \frac{1}{\sqrt{2\pi}\sigma_2}e^{-\frac{(y-u_2)^2}{2\sigma_2^2}}$$
$$= f_X(x)f_Y(y).$$

所以,X 与 Y 相互独立.

例 3.3.4 设随机变量 (X,Y) 的概率密度为

$$f(x,y) = \begin{cases} e^{-y}, & 0 < x < y; \\ 0, & \text{其他.} \end{cases}$$

求(1) X 与 Y 的边缘概率密度;(2)判断 X 与 Y 是否相互独立.

解 (1) $f_X(x) = \int_{-\infty}^{+\infty} f(x,y)\mathrm{d}y, -\infty < x < +\infty,$

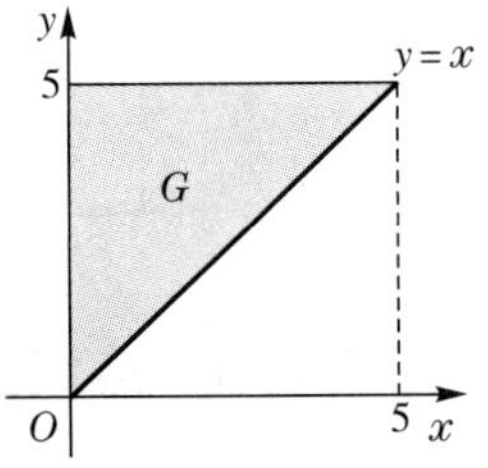

当 $x \leqslant 0$ 时,$f_X(x) = 0,$

当 $x > 0$ 时,$f_X(x) = \int_x^{+\infty} e^{-y}\mathrm{d}y = e^{-x},$

所以 $f_X(x) = \begin{cases} e^{-x}, & x > 0, \\ 0, & x \leqslant 0, \end{cases}$

类似可得 $f_Y(y) = \begin{cases} ye^{-y}, & y > 0, \\ 0, & y \leqslant 0. \end{cases}$

图 3.3.1

由于当 $0 < x < y$ 时,$f_X(x) \cdot f_Y(y) \neq f(x,y)$,故 X 与 Y 不相互独立.

例 3.3.5 某旅客到达火车站的时间 X 均匀分布在早上 7:55—8:00, 而火车这段时间开出的时间 Y 的概率密度为

$$f_Y(y) = \begin{cases} \dfrac{2(5-y)}{25} & 0 \leqslant y \leqslant 5, \\ 0, & \text{其他.} \end{cases}$$

求此人能及时赶上火车的概率.

解 由题意知 X 的概率密度为

$$f_X(x) = \begin{cases} \dfrac{1}{5}, & 0 \leqslant x \leqslant 5, \\ 0, & \text{其他}, \end{cases}$$

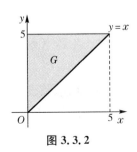

图 3.3.2

因 X 和 Y 相互独立,所以 X 和 Y 的联合概率密度为
$$f(x,y) = \begin{cases} \dfrac{2(5-y)}{125} & 0 \leqslant x \leqslant 5, 0 \leqslant y \leqslant 5, \\ 0, & \text{其他}. \end{cases}$$
此人能及时赶上火车的概率为
$$P\{Y > X\} = \iint\limits_G f(x,y)\mathrm{d}x\mathrm{d}y = \int_0^5 \mathrm{d}y \int_0^y \frac{2(5-y)}{125}\mathrm{d}x = \frac{1}{3}.$$

§3.4 多维随机变量的函数的分布

设 $X = (X_1, \cdots, X_n)$ 是一个 n 维随机变量,$g(x_1, \cdots, x_n)$ 是 R^n(或某一区域)上的连续函数. 则 $Y = g(X_1, \cdots, X_n)$ 也是随机变量. 如果已知 $X = (X_1, \cdots, X_n)$ 的联合分布,如何求出 $Y = g(X_1, \cdots, X_n)$ 的分布呢? 原则上求 Y 的分布可以归结为求 $X = (X_1, \cdots, X_n)$ 落入某一区域中的概率,即
$$\begin{aligned} F_Y(y) &= P(g(X_1, \cdots, X_n) \leqslant y) \\ &= P((X_1, \cdots, X_n) \in \{(x_1, \cdots, x_n): g(x_1, \cdots, x_n) \leqslant y\}) \end{aligned}$$
在一些具体问题中,求解区域 $\{(x_1, \cdots, x_n): g(x_1, \cdots, x_n) \leqslant y\}$ 并求出表达式,需要一定的技巧,下面就离散型与连续型随机向量的一些特殊函数给出求分布的方法.

3.4.1 离散型随机变量的函数的分布

设 (X,Y) 是二维离散型随机变量,$g(x,y)$ 是一个二元函数,则 $g(X,Y)$ 作为 (X,Y) 的函数是一个随机变量,如果 (X,Y) 的概率分布为
$$P\{X = x_i, Y = y_j\} = p_{ij} \quad (i,j = 1,2,\cdots)$$
设 $Z = g(X,Y)$ 的所有可能取值为 $z_k, k = 1, 2, \cdots$,则 Z 的概率分布为
$$P\{Z = z_k\} = P\{g(X,Y) = z_k\} = \sum_{g(x_i,y_j) = z_k} P\{X = x_i, Y = y_j\}, k = 1, 2, \cdots,$$

例 3.4.1 设随机变量 (X,Y) 的概率分布如下表:

X \ Y	−1	0	1	2
−1	0.1	0.15	0.2	0.3
2	0.1	0	0.1	0.05

求二维随机变量的函数 Z_1, Z_2 的分布：$(1) Z_1 = X+Y$；$(2) Z_2 = XY$.

解 由 (X, Y) 的概率分布可得

p_{ij}	0.1	0.15	0.2	0.3	0.1	0	0.1	0.05
(X, Y)	$(-1, -1)$	$(-1, 0)$	$(-1, 1)$	$(-1, 2)$	$(2, -1)$	$(2, 0)$	$(2, 1)$	$(2, 2)$
$Z_1 = X+Y$	-2	-1	0	1	1	2	3	4
$Z_2 = XY$	1	0	-1	-2	-2	0	2	4

与一维离散型随机变量函数的分布的求法相同，把 Z 值相同项对应的概率值合并可得：

$(1) Z = X+Y$ 的概率分布为

Z_1	-2	-1	0	1	2	3	4
p_1	0.1	0.15	0.2	0.4	0	0.1	0.05

$(2) Z_2 = XY$ 的概率分布为

Z_2	-2	-1	0	1	2	4
p_2	0.4	0.2	0.15	0.1	0.1	0.05

3.4.2 连续型随机变量的函数的分布

设 (X, Y) 是二维连续型随机向量，其概率密度函数为 $f(x, y)$，令 $g(x, y)$ 为一个二元函数，则 $g(X, Y)$ 是 (X, Y) 的函数.

可用类似于求一元随机变量函数分布的方法来求 $Z = g(X, Y)$ 的分布.

(1) 求分布函数 $F_Z(z)$，

$$F_Z(z) = P\{Z \leqslant z\} = P\{g(X, Y) \leqslant z\} = P\{(X, Y) \in D_Z\}$$
$$= \iint\limits_{D_Z} f(x, y) \mathrm{d}x \mathrm{d}y.$$

其中，$D_Z = \{(x, y) \mid g(x, y) \leqslant z\}$.

(2) 求其概率密度函数 $f_Z(z)$，对几乎所有的 z，有

$$f_Z(z) = F_Z'(z).$$

例 3.4.2 设随机变量 X 与 Y 相互独立，且同服从 $[0, 1]$ 上的均

匀分布,试求 $Z=|X-Y|$ 的分布函数与密度函数.

解 由于随机变量 X 与 Y 相互独立,且同服从 $[0,1]$ 上的均匀分布,则 (X,Y) 的概率密度函数

$$f(x,y) = \begin{cases} 1, & 0 \leqslant x,y \leqslant 1, \\ 0, & \text{其他}, \end{cases}$$

所以 Z 的分布函数

$$\begin{aligned} F_Z(z) &= P\{|X-Y| \leqslant z\} \\ &= \begin{cases} 0, & z \leqslant 0, \\ P\{-z \leqslant X-Y \leqslant z\}, & 0 < z < 1, \\ 1, & z \geqslant 1, \end{cases} \\ &= \begin{cases} 0, & z \leqslant 0, \\ 1-(1-z)^2, & 0 < z < 1, \\ 1, & z \geqslant 1, \end{cases} \end{aligned}$$

于是 $Z=|X-Y|$ 的概率密度为

$$f_Z(z) = F_Z'(z) = \begin{cases} 2(1-z), & 0 < z < 1, \\ 0, & \text{其他}. \end{cases}$$

例 3.4.3 设 X 和 Y 的联合密度为 $f(x,y)$,求 $Z=X+Y$ 的密度.

解
$$\begin{aligned} F_Z(z) &= P(X+Y \leqslant z) = \iint\limits_{x+y \leqslant z} f(x,y) \mathrm{d}x\mathrm{d}y \\ &= \int_{-\infty}^{+\infty} \mathrm{d}x \int_{-\infty}^{z-x} f(x,y) \mathrm{d}y \\ &\xlongequal{\diamondsuit\, y=u-x} \int_{-\infty}^{+\infty} \mathrm{d}x \int_{-\infty}^{z} f(x,u-x) \mathrm{d}u \\ &= \int_{-\infty}^{z} \mathrm{d}u \int_{-\infty}^{+\infty} f(x,u-x) \mathrm{d}x \end{aligned}$$

则 $F'(z) = \int_{-\infty}^{+\infty} f(x,z-x) \mathrm{d}x$

所以 $Z=X+Y$ 的密度 $f_Z(z) = \int_{-\infty}^{+\infty} f(x,z-x) \mathrm{d}x$

由对称性,可得 $f_Z(z) = \int_{-\infty}^{+\infty} f(z-y,y) \mathrm{d}y$

于是 $f_Z(z) = \int_{-\infty}^{+\infty} f(x, z-x) dx = \int_{-\infty}^{+\infty} f(z-y, y) dy$.

特别地，当 X 和 Y 独立时，设 (X,Y) 关于 X, Y 的边缘密度分别为 $f_X(x), f_Y(y)$，则上述两式化为

$$f_Z(z) = \int_{-\infty}^{\infty} f_X(z-y) f_Y(y) dy$$

$$f_Z(z) = \int_{-\infty}^{\infty} f_X(x) f_Y(z-x) dx$$

以上两个公式称为**卷积公式**.

例 3.4.4 设 X 和 Y 是两个相互独立的随机变量. 它们都服从 $N(0,1)$ 分布，其概率密度为

$$f_X(x) = \frac{1}{\sqrt{2\pi}} e^{-x^2/2}, \quad -\infty < x < \infty,$$

$$f_Y(y) = \frac{1}{\sqrt{2\pi}} e^{-y^2/2}, \quad -\infty < y < \infty.$$

求 $Z = X+Y$ 的概率密度.

解 由卷积公式得

$$f_Z(z) = \int_{-\infty}^{+\infty} f_X(x) f_Y(z-x) dx$$

$$= \frac{1}{2\pi} \int_{-\infty}^{+\infty} e^{-\frac{x^2}{2}} \cdot e^{-\frac{(z-x)^2}{2}} dx = \frac{1}{2\pi} e^{-\frac{z^2}{4}} \int_{-\infty}^{+\infty} e^{-(x-\frac{z}{2})^2} dx$$

$$\underline{t = x - z/2} \frac{1}{2\pi} e^{-\frac{z^2}{4}} \int_{-\infty}^{+\infty} e^{-t^2} dt = \frac{1}{2\pi} e^{-\frac{z^2}{4}} \sqrt{\pi} = \frac{1}{2\sqrt{\pi}} e^{-\frac{z^2}{4}},$$

即 $Z \sim N(0,2)$.

注意：进一步可以证明，若 $X \sim N(\mu_1, \sigma_1^2), X \sim N(\mu_2, \sigma_2^2)$，且 X 和 Y 相互独立，则 $Z = X + Y \sim N(\mu_1 + \mu_2, \sigma_1^2 + \sigma_2^2)$，这个结果说明正态分布具有可加性.

3.4.3 $M = \max(X,Y)$ 及 $N = \min(X,Y)$ 的分布

设随机变量 X, Y 相互独立，其分布函数分别为 $F_X(x)$ 和 $F_Y(y)$，由于 $M = \max(X,Y)$ 不大于 z 等价于 X 和 Y 都不大于 z，故有

$$F_M(z) = P\{M \leqslant z\} = P\{X \leqslant z, Y \leqslant z\}$$

$$= P\{X \leqslant z\} P\{Y \leqslant z\} = F_X(z) F_Y(z);$$

类似地, 可得 $N = \min(X,Y)$ 的分布函数

$$F_N(z) = P\{N \leqslant z\} = 1 - P\{N > z\} = 1 - P\{X > z, Y > z\}$$
$$= 1 - P\{X > z\}P\{Y > z\} = 1 - [1 - F_X(z)][1 - F_Y(z)].$$

例 3.4.5 设随机变量 X_1, X_2 相互独立, 并且有相同的几何分布:

$$P\{X_i = k\} = pq^{k-1}, k = 1, 2, \cdots, i = 1, 2, q = 1 - p$$

求 $Y = \max(X_1, X_2)$ 的分布.

解 $P\{Y = n\} = P\{\max\{X_1, X_2\} = n\}$
$$= P\{X_1 = n, X_2 \leqslant n\} + P\{X_2 = n, X_1 < n\}$$
$$= pq^{n-1}\sum_{k=1}^{n} pq^{k-1} + pq^{n-1}\sum_{k=1}^{n-1} pq^{k-1}$$
$$= p^2 q^{n-1}\frac{1-q^n}{1-q} + p^2 q^{n-1}\frac{1-q^{n-1}}{1-q}$$
$$= pq^{n-1}(2 - q^n - q^{n-1}).$$

相关阅读

王梓坤

王梓坤,男,汉族,1929 年 4 月生,江西吉安人. 中国著名数学家、教育家、科普作家,是中国概率论研究的先驱和主要领导者之一. 60 年代初,他研究马尔科夫链的构造,首创极限过渡的概率方法,彻底解决了生灭过程的构造与泛函分布问题; 70 年代,他研究马尔科夫过程与位势论的关系,求出了布朗运动与对称稳定过程未离球的时间与位置的分布,并研究地震的统计预报问题,著有《布朗运动与位势》、《概率与统计预报》等著作; 80 年代,他研究多指标马尔科夫过程,在国际上最先引进多指标 Ornstein-Uhlenbeck 过程的定义,并研究了它的性质; 90 年代初,除继续上述工作外,还从事超过程的研究,这是当前国际上最活跃的课题之一. 上述各课题都是当时国际上的重要方向. 始终紧随时代的发展,力求在科研重要前沿作出成果,力求成果及方法的概率意义,是他数学研究的特色.

复习题 3

3.1 用 (X,Y) 的联合分布函数 $F(x,y)$ 表示概率 $P(a<X\leqslant b, Y\leqslant c)=$ _____ ;

3.2 设 (X,Y) 在区域 G 上服从均匀分布，G 为 $y=x$ 及 $y=x^2$ 所围成的区域，(X,Y) 的概率密度为 _____ ;

3.3 设 (X,Y) 联合密度为 $f(x,y)=\begin{cases}Ae^{-x-y}, & x>0, y>0,\\ 0, & \text{其他},\end{cases}$ 则系数 $A=$ _____ ;

3.4 设二维随机变量 (X,Y) 的联合概率密度为

$$f(x,y)=\begin{cases}4xy, & 0<x<1, 0<y<1\\ 0, & \text{其他},\end{cases} \text{则} P\{X=Y\}= \underline{\quad\quad};$$

3.5 设二维随机变量 (X,Y) 的概率密度为 $f(x,y)=\begin{cases}cx^2y, & x^2\leqslant y\leqslant 1,\\ 0, & \text{其他}.\end{cases}$

则 $c=$ _____ .

3.6 二维离散型随机变量相互独立的充分必要条件是 _____ .

3.7 考虑抛掷一枚硬币和一颗骰子，用 X 表示抛掷硬币出现正面的次数，Y 表示抛掷骰子出现的点数，则 (X,Y) 所有可能取的值为（　　）
(A) 12 对；　　　(B) 6 对；　　　(C) 8 对；　　　(D) 4 对.

3.8 设二维随机向量 (X,Y) 的概率密度为

$$f(x,y)=\begin{cases}1, & 0\leqslant x\leqslant 1, 0\leqslant y\leqslant 1,\\ 0, & \text{其他},\end{cases}$$

则概率 $P(X<0.5, Y<0.6)=($　　$)$
(A) 0.5；　　　(B) 0.3；　　　(C) 0.875；　　　(D) 0.4.

3.9 如下四个二元函数中哪个可以作为连续型随机变量的联合概率密度函数（　　）

(A) $f(x,y)=\begin{cases}\cos x, & -\frac{\pi}{2}\leqslant x\leqslant \frac{\pi}{2}, 0\leqslant y\leqslant 1,\\ 0, & \text{其他};\end{cases}$

(B) $f(x,y)=\begin{cases}\cos x, & -\frac{\pi}{2}\leqslant x\leqslant \frac{\pi}{2}, 0\leqslant y\leqslant \frac{1}{2},\\ 0, & \text{其他};\end{cases}$

(C) $f(x,y)=\begin{cases}\cos x, & 0\leqslant x\leqslant \pi, 0\leqslant y\leqslant 1,\\ 0, & \text{其他};\end{cases}$

(D) $f(x,y)=\begin{cases}\cos x, & 0\leqslant x\leqslant \pi, 0\leqslant y\leqslant \frac{1}{2},\\ 0, & \text{其他}.\end{cases}$

第3章 多维随机变量及其分布

3.10 设二维随机变量 (X,Y) 的联合概率密度为 $f(x,y)=\begin{cases} 1/\pi, & x^2+y^2 \leqslant 1, \\ 0, & \text{其他}, \end{cases}$
则 X,Y 满足（　　）
(A)独立同分布；　　　　　　　(B)独立不同分布；
(C)不独立同分布；　　　　　　(D)不独立也不同分布.

3.11 已知随机变量 X 和 Y 的联合密度为 $f(x,y)=\begin{cases} 4xy, & 0\leqslant x\leqslant 1, 0\leqslant y\leqslant 1, \\ 0, & \text{其他}, \end{cases}$
求 X 和 Y 的联合分布函数 $F(x,y)$.

3.12 设随机变量 X 在 $1,2,3,4$ 四个数中等可能地取值，另一个随机变量 Y 在 $1\sim X$ 中等可能地取一整数值. 试求 (X,Y) 的分布律.

3.13 设二维随机变量的联合概率分布为

X \ Y	−2	0	1
−1	0.3	0.1	0.1
1	0.05	0.2	0
2	0.2	0	0.05

求 $P\{X\leqslant 1, Y\geqslant 0\}$ 及 $F(0,0)$.

3.14 一个箱子装有 12 只开关，其中 2 只是次品，现随机地无放回抽取两次，每次取一只，以 X 和 Y 分别表示第一次和第二次取出的次品数，试写出 X 和 Y 的概率分布律.

3.15 设随机变量 (X,Y) 的联合密度为
$$f(x,y)=\begin{cases} k(6-x-y), & 0<x<2, 2<y<4, \\ 0, \text{其他}, \end{cases}$$
求：(1) 系数 k；(2) $P\{X<1,Y<3\}$；(3) $P\{X<1.5\}$；(4) $P\{X+Y\leqslant 4\}$.

3.16 袋中有 1 个红色球，2 个黑色球与 3 个白色球，现有放回地从袋中取两次，每次取一球，以 X,Y,Z 分别表示两次去求所得的红球、黑球与白球的个数.
(1)求 $P\{X=1|Z=0\}$；
(2)求二维随机变量 (X,Y) 的概率分布.

3.17 设随机变量 X 在 $1,2,3,4$ 四个整数中等可能取值，另一个随机变量 Y 在 $1\sim X$ 中等可能取一个整数值，求(1) (X,Y) 的联合分布律；(2) X,Y 的边缘分布律.

3.18 设 (X,Y) 的概率密度是 $f(x,y)=\begin{cases} cy(2-x), & 0\leqslant x\leqslant 1, 0\leqslant y\leqslant x, \\ 0, & \text{其他}, \end{cases}$
求(1) c 的值；(2) 两个边缘密度.

3.19 设随机变量 X 和 Y 具有联合概率密度
$$f(x,y)=\begin{cases} 6, & x^2\leqslant y\leqslant x, \\ 0, & \text{其他}, \end{cases}$$
求边缘概率密度 $f_X(x), f_Y(y)$.

3.20 设 (X,Y) 服从单位圆域 $x^2+y^2 \leqslant 1$ 上的均匀分布,求 X 和 Y 的边缘概率密度.

3.21 设二维随机变量 (X,Y) 的概率密度为
$$f(x,y)=\begin{cases} kx(x-y), & 0 \leqslant x \leqslant 2, -x \leqslant y \leqslant x, \\ 0, & \text{其他}, \end{cases}$$
(1)求常数 k;(2) 求关于 X 和 Y 的边缘概率密度;(3)问 X 与 Y 是否独立?

3.22 设二维随机变量 (X,Y) 的概率密度为 $f(x,y)=\begin{cases} Ae^{-y}, & 0<x<y, \\ 0, & \text{其他}, \end{cases}$ 求(1) 常数 A;(2) 随机变量 X,Y 的边缘密度;(3) 概率 $P(X+Y \leqslant 1)$.

3.23 已知随机变量 X,Y 的概率分布:

X	-1	0	1
P	$\frac{1}{4}$	$\frac{1}{2}$	$\frac{1}{4}$

Y	0	1
P	$\frac{1}{2}$	$\frac{1}{2}$

且 $P(XY=0)=1$.(1)求 X,Y 的联合分布,(2)问 X,Y 是否独立? 为什么?

3.24 设 (X,Y) 的概率密度为

(1) $f(x,y)=\begin{cases} xe^{-(x+y)}, & x>0, y>0, \\ 0, & \text{其他}; \end{cases}$

(2) $f(x,y)=\begin{cases} 2, & 0<x<y, 0<y<1, \\ 0, & \text{其他}, \end{cases}$

问 X 和 Y 是否独立?

3.25 设 X 和 Y 相互独立,$X \sim b(n_1,p)$, $Y \sim b(n_2,p)$,求 $Z=X+Y$ 的分布.

3.26 若 X 和 Y 相互独立,它们分别服从参数为 λ_1, λ_2 的泊松分布,证明 $Z=X+Y$ 服从参数为 $\lambda_1+\lambda_2$ 的泊松分布.

3.27 在线段 $[0,a]$ 上随机地投两个点,求两点距离的分布函数.

3.28 设 (X,Y) 的密度函数为
$$f(x,y)=\begin{cases} xe^{-x(1+y)}, & x>0, y>0, \\ 0, & \text{其他}, \end{cases}$$
求 $Z=XY$ 的密度函数.

扫一扫,获取参考答案

第 4 章 随机变量的数字特征

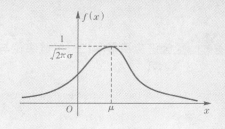

【学习目标】

1. 理解数学期望和方差的概念及性质,熟练掌握数学期望和方差的计算;

2. 掌握常见分布的期望和方差;

3. 理解协方差和相关系数的概念及性质,掌握协方差和相关系数的计算;

4. 了解矩的概念.

前面介绍了随机变量的分布,包括分布函数、概率分布律、概率密度函数等,它们可以完整地描述随机变量的统计特性. 但实际上有时求随机变量的分布并非一件简单的事情,而且解决实际问题时,有时只需了解随机变量的某些特征就可以了. 例如新生儿的体重是一个随机变量,其平均体重就从一个侧面反映了新生儿体重的特征. 这类能刻画随机变量某一方面特征的常数统称为数字特征.

本章将介绍常用的几个数字特征:数学期望、方差、协方差、相关系数和矩等.

§4.1 数学期望

4.1.1 数学期望的定义

定义 4.1.1 设离散型随机变量 X 的分布律为
$$P(X = x_i) = p_i, i = 1, 2, \cdots$$
若级数 $\sum_{i=1}^{\infty} x_i p_i$ 绝对收敛,则称该级数为 X 的**数学期望**,简称**期望或均值**,记作 $E(X)$
即
$$E(X) = \sum_{i=1}^{\infty} x_i p_i \qquad (4.1.1)$$
若级数 $\sum_{i=1}^{\infty} x_i p_i$ 不绝对收敛,则称 X 的数学期望不存在.

上述定义中要求级数绝对收敛是为了保证数学期望的唯一性.

定义 4.1.2 设连续型随机变量 X 的概率密度为 $f(x)$,若积分 $\int_{-\infty}^{+\infty} x f(x) dx$ 绝对收敛,则称该积分为 X 的**数学期望**,简称**期望**或**均值**,记作 $E(X)$
即
$$E(X) = \int_{-\infty}^{+\infty} x f(x) dx \qquad (4.1.2)$$
若积分 $\int_{-\infty}^{+\infty} x f(x) dx$ 不绝对收敛,则称 X 的数学期望不存在.

以下以几个常见分布的数学期望计算为例加以说明.

例 4.1.1 设随机变量 X 服从两点分布,其分布律为

X	0	1
P	$1-p$	p

$(0 < p < 1)$

则
$$E(X) = 0 \cdot (1-p) + 1 \cdot p = p$$

 4.1.2 设随机变量 X 服从参数为 λ 的泊松分布,其分布律为

$$P(X=k) = \frac{\lambda^k}{k!}e^{-\lambda}, k=0,1,2,\cdots (\lambda > 0)$$

则
$$\begin{aligned}E(X) &= \sum_{k=0}^{\infty} k \cdot \frac{\lambda^k}{k!}e^{-\lambda} = \sum_{k=1}^{\infty} k \cdot \frac{\lambda^k}{k!}e^{-\lambda} \\ &= \lambda e^{-\lambda} \sum_{k=1}^{\infty} \frac{\lambda^{k-1}}{(k-1)!} \\ &= \lambda e^{-\lambda} \cdot e^{\lambda} = \lambda\end{aligned}$$

 4.1.3 设随机变量 X 服从区间 $[a,b]$ 上的均匀分布,其概率密度为

$$f(x) = \begin{cases} \dfrac{1}{b-a}, x \in [a,b] \\ 0, x \notin [a,b] \end{cases}$$

则
$$E(X) = \int_{-\infty}^{+\infty} x f(x) \mathrm{d}x = \int_a^b \frac{x}{b-a} \mathrm{d}x = \frac{a+b}{2}$$

4.1.2 随机变量函数的数学期望

随机变量的函数仍为随机变量,我们可先求出随机变量函数的分布,再利用求出的分布计算其数学期望,但求随机变量函数的分布有时运算过程比较复杂. 以下我们给出两个定理,利用定理,我们可以直接由已知的随机变量的分布求出随机变量函数的数学期望.

> **定理 4.1.1** 设 X 为随机变量,随机变量 $Y=g(X)$ (g 为连续函数)
>
> (i) 设 X 为离散型随机变量,其分布律为
> $$P(X=x_i)=p_i, i=1,2,\cdots$$
> 若级数 $\sum_{i=1}^{\infty}g(x_i)p_i$ 绝对收敛,则
> $$E(Y)=E[g(X)]=\sum_{i=1}^{\infty}g(x_i)p_i \tag{4.1.3}$$
>
> (ii) 设 X 为连续型随机变量,其概率密度为 $f(x)$,
> 若积分 $\int_{-\infty}^{+\infty}g(x)f(x)\mathrm{d}x$ 绝对收敛,则
> $$E(Y)=E[g(X)]=\int_{-\infty}^{+\infty}g(x)f(x)\mathrm{d}x \tag{4.1.4}$$

例 4.1.4 设离散型随机变量 X 的分布律为

X	-1	0	2
P	0.3	0.5	0.2

$Y=X^2-X$,求 $E(Y)$.

解 $E(Y)=E(X^2-X)$
$$=[(-1)^2-(-1)]\times 0.3+(0^2-0)\times 0.5+(2^2-2)\times 0.2$$
$$=1$$

例 4.1.5 设 $X\sim N(0,1)$,$Y=|X|$,求 $E(Y)$.

解 $E(Y)=E(|X|)=\int_{-\infty}^{+\infty}|x|f(x)\mathrm{d}x$
$$=\int_{-\infty}^{+\infty}|x|\frac{1}{\sqrt{2\pi}}\mathrm{e}^{-\frac{x^2}{2}}\mathrm{d}x$$
$$=2\int_{0}^{+\infty}x\frac{1}{\sqrt{2\pi}}\mathrm{e}^{-\frac{x^2}{2}}\mathrm{d}x=2\cdot\frac{1}{\sqrt{2\pi}}$$
$$=\sqrt{\frac{2}{\pi}}$$

定理 4.1.2 设 (X,Y) 为二维随机变量，随机变量 $Z = g(X,Y)$（g 为连续函数）.

（ⅰ）设 (X,Y) 为二维离散型随机变量，其联合分布律为
$$P(X = x_i, Y = y_j) = p_{ij}, i,j = 1,2,\cdots$$

若级数 $\sum\limits_{i=1}^{\infty}\sum\limits_{j=1}^{\infty} g(x_i,y_j)p_{ij}$ 绝对收敛，则

$$E(Z) = E[g(X,Y)] = \sum_{i=1}^{\infty}\sum_{j=1}^{\infty} g(x_i,y_j)p_{ij} \qquad (4.1.5)$$

特别地，

$$E(X) = \sum_{i=1}^{\infty}\sum_{j=1}^{\infty} x_i p_{ij} = \sum_{i=1}^{\infty} x_i p_{i\cdot} \qquad (4.1.6)$$

$$E(Y) = \sum_{i=1}^{\infty}\sum_{j=1}^{\infty} y_j p_{ij} = \sum_{j=1}^{\infty} y_j p_{\cdot j} \qquad (4.1.7)$$

（ⅱ）设 (X,Y) 为二维连续型随机变量，其联合概率密度为 $f(x,y)$，若积分 $\int_{-\infty}^{+\infty}\int_{-\infty}^{+\infty} g(x,y)f(x,y)\mathrm{d}x\mathrm{d}y$ 绝对收敛，则

$$E(Z) = E[g(X,Y)] = \int_{-\infty}^{+\infty}\int_{-\infty}^{+\infty} g(x,y)f(x,y)\mathrm{d}x\mathrm{d}y \qquad (4.1.8)$$

特别地，

$$E(X) = \int_{-\infty}^{+\infty}\int_{-\infty}^{+\infty} xf(x,y)\mathrm{d}x\mathrm{d}y = \int_{-\infty}^{+\infty} xf_X(x)\mathrm{d}x \qquad (4.1.9)$$

$$E(Y) = \int_{-\infty}^{+\infty}\int_{-\infty}^{+\infty} yf(x,y)\mathrm{d}x\mathrm{d}y = \int_{-\infty}^{+\infty} yf_Y(y)\mathrm{d}y \qquad (4.1.10)$$

例 4.1.6 设二维连续型随机变量 (X,Y) 的联合概率密度为

$$f(x,y) = \begin{cases} 12y^2, & 0 < y < x < 1, \\ 0, & \text{其他}, \end{cases}$$

求 $E(XY), E(X), E(Y)$.

解 $E(XY) = \int_{-\infty}^{+\infty}\int_{-\infty}^{+\infty} xyf(x,y)\mathrm{d}x\mathrm{d}y = \int_0^1 \mathrm{d}x \int_0^x xy \cdot 12y^2 \mathrm{d}y = \dfrac{1}{2}$

$E(X) = \int_{-\infty}^{+\infty}\int_{-\infty}^{+\infty} xf(x,y)\mathrm{d}x\mathrm{d}y = \int_0^1 \mathrm{d}x \int_0^x x \cdot 12y^2 \mathrm{d}y = \dfrac{4}{5}$

$E(Y) = \int_{-\infty}^{+\infty}\int_{-\infty}^{+\infty} yf(x,y)\mathrm{d}x\mathrm{d}y = \int_0^1 \mathrm{d}x \int_0^x y \cdot 12y^2 \mathrm{d}y = \dfrac{3}{5}$

4.1.3 数学期望的性质

基于前面所给出的两个定理,可以得到以下关于数学期望的几个常用性质,且均假定所涉及的数学期望是存在的.

性质 4.1.1 设 c 为常数,则有
$$E(c) = c \tag{4.1.11}$$

性质 4.1.2 设 a 为常数,X 为随机变量,则有
$$E(aX) = aE(X) \tag{4.1.12}$$

性质 4.1.3 设 b 为常数,X 为随机变量,则有
$$E(X+b) = E(X) + b \tag{4.1.13}$$

性质 4.1.4 设 X 和 Y 为两个随机变量,则有
$$E(X \pm Y) = E(X) \pm E(Y) \tag{4.1.14}$$

它可推广到 n 个随机变量的情形.
$$E(X_1 \pm X_2 \pm \cdots \pm X_n) = E(X_1) \pm E(X_2) \pm \cdots \pm E(X_n) \tag{4.1.15}$$

性质 4.1.5 设 X 和 Y 为两个相互独立的随机变量,则有
$$E(XY) = E(X) \cdot E(Y) \tag{4.1.16}$$

这条性质也可推广到 n 个随机变量的情形,即若 $X_1, X_2, \cdots, X_n$ 相互独立,则有
$$E(X_1 X_2 \cdots X_n) = E(X_1) E(X_2) \cdots E(X_n) \tag{4.1.17}$$

这里以连续型随机变量为例证明性质 4.1.4 和性质 4.1.5(离散型随机变量类似可证),前 3 条性质请读者自行证明.

证 设二维连续型随机变量 (X, Y) 的联合概率密度为 $f(x, y)$,边缘概率密度分别为 $f_X(x)$ 和 $f_Y(y)$.

$$\begin{aligned}
E(X \pm Y) &= \int_{-\infty}^{+\infty} \int_{-\infty}^{+\infty} (x \pm y) f(x, y) \mathrm{d}x \mathrm{d}y \\
&= \int_{-\infty}^{+\infty} \int_{-\infty}^{+\infty} x f(x, y) \mathrm{d}x \mathrm{d}y \pm \int_{-\infty}^{+\infty} \int_{-\infty}^{+\infty} y f(x, y) \mathrm{d}x \mathrm{d}y \\
&= E(X) \pm E(Y)
\end{aligned}$$

性质 4.1.4 得证.

设 X 和 Y 为两个相互独立的随机变量

$$E(XY) = \int_{-\infty}^{+\infty} \int_{-\infty}^{+\infty} xyf(x,y)\mathrm{d}x\mathrm{d}y = \int_{-\infty}^{+\infty} \int_{-\infty}^{+\infty} xyf_X(x)f_Y(y)\mathrm{d}x\mathrm{d}y$$
$$= \int_{-\infty}^{+\infty} xf_X(x)\mathrm{d}x \int_{-\infty}^{+\infty} yf_Y(y)\mathrm{d}y = E(X)E(Y)$$

性质 4.1.5 得证.

例 4.1.7 设随机变量 X 的数学期望 $E(X) = 2$，求 $E(3X-1)$.

解 $E(3X-1) = 3E(X) - 1 = 3 \times 2 - 1 = 5$

例 4.1.8 设随机变量 X 和 Y 相互独立，且分别服从区间 $[a,b]$ 和 $[c,d]$ 上的均匀分布，求 $E(XY)$.

解 $E(XY) = E(X) \cdot E(Y) = \dfrac{a+b}{2} \cdot \dfrac{c+d}{2} = \dfrac{(a+b)(c+d)}{4}$

例 4.1.9 同时掷 n 颗均匀的骰子，X 表示它们出现的点数之和，求 $E(X)$.

解 设 X_i 表示第 i 颗骰子出现的点数，$i = 1, 2, \cdots, n$，则 $X = \sum\limits_{i=1}^{n} X_i$

X_i 的分布律为

$$P(X_i = k) = \frac{1}{6}, k = 1, 2, \cdots 6$$

则有

$$E(X_i) = \sum_{k=1}^{6} k \cdot \frac{1}{6} = \frac{7}{2}$$

由数学期望的性质，可得

$$E(X) = E\left(\sum_{i=1}^{n} X_i\right) = \sum_{i=1}^{n} E(X_i) = \sum_{i=1}^{n} \frac{7}{2} = \frac{7n}{2}$$

§4.2 方 差

数学期望描述了随机变量取值的平均情况，是一种位置特征数，但它无法反映随机变量取值的离散程度（或波动大小），下面所要介绍的方差和标准差是度量随机变量离散程度的特征数.

4.2.1 方差的定义

> **定义 4.2.1** 设 X 为随机变量,若 $E[X-E(X)]^2$ 存在,则称其为 X 的**方差**,记作 $D(X)$. 即
> $$D(X) = E[X-E(X)]^2 \qquad (4.2.1)$$
> 同时称 $\sqrt{D(X)}$ 为 X 的**标准差**(或**根方差**),记作 $\sigma(X)$

从定义可知,$D(X) \geqslant 0$. 方差和标准差都可以反映随机变量取值的离散程度,它们越小,说明随机变量的取值越集中;它们越大,说明随机变量的取值越分散.

另外,方差和标准差的差别主要在于量纲上,标准差与随机变量以及数学期望有相同的量纲,实际应用中人们比较偏好使用标准差.

根据方差的定义,有

$$D(X) = E[X-E(X)]^2$$
$$= \begin{cases} \sum_{i=1}^{\infty}[x_i - E(X)]^2 p_i, & X \text{ 为离散型随机变量} \\ \int_{-\infty}^{+\infty}[x - E(X)]^2 f(x)\mathrm{d}x, & X \text{ 为连续型随机变量} \end{cases} \qquad (4.2.2)$$

4.2.2 方差的简化公式

根据方差的定义求方差在大多数情况下计算过程较为繁琐,故以下给出方差计算的简化公式.

$$D(X) = E[X-E(X)]^2 = E[X^2 - 2X \cdot E(X) + (E(X))^2]$$
$$= E(X^2) - 2E(X) \cdot E(X) + [E(X)]^2 = E(X^2) - [E(X)]^2$$

即
$$D(X) = E(X^2) - [E(X)]^2 \qquad (4.2.3)$$

以下计算几个常见分布的方差.

例 4.2.1 设随机变量 X 服从两点分布,其分布律为

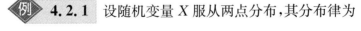

X	0	1
P	$1-p$	p

$(0 < p < 1)$

则 $E(X) = p$
$$E(X^2) = 0^2 \cdot (1-p) + 1^2 \cdot p = p$$
$$D(X) = E(X^2) - [E(X)]^2 = p - p^2 = p(1-p)$$

 4.2.2 设随机变量 X 服从参数为 λ 的泊松分布，其分布律为
$$P(X = k) = \frac{\lambda^k}{k!} e^{-\lambda}, \; k = 0, 1, 2, \cdots (\lambda > 0)$$
则 $E(X) = \lambda$
$$\begin{aligned}
E(X^2) &= \sum_{k=0}^{\infty} k^2 \cdot \frac{\lambda^k}{k!} e^{-\lambda} = \sum_{k=1}^{\infty} k^2 \cdot \frac{\lambda^k}{k!} e^{-\lambda} \\
&= \sum_{k=1}^{\infty} k \cdot \frac{\lambda^k}{(k-1)!} e^{-\lambda} \\
&= \sum_{k=1}^{\infty} [(k-1) + 1] \cdot \frac{\lambda^k}{(k-1)!} e^{-\lambda} \\
&= \sum_{k=1}^{\infty} (k-1) \cdot \frac{\lambda^k}{(k-1)!} e^{-\lambda} + \sum_{k=1}^{\infty} \frac{\lambda^k}{(k-1)!} e^{-\lambda} \\
&= \sum_{k=2}^{\infty} (k-1) \cdot \frac{\lambda^k}{(k-1)!} e^{-\lambda} + \sum_{k=1}^{\infty} \frac{\lambda^k}{(k-1)!} e^{-\lambda} \\
&= \lambda^2 e^{-\lambda} \sum_{k=2}^{\infty} \frac{\lambda^{k-2}}{(k-2)!} + \lambda e^{-\lambda} \sum_{k=1}^{\infty} \frac{\lambda^{k-1}}{(k-1)!} \\
&= \lambda^2 e^{-\lambda} \cdot e^{\lambda} + \lambda e^{-\lambda} \cdot e^{\lambda} = \lambda^2 + \lambda
\end{aligned}$$
$$D(X) = E(X^2) - [E(X)]^2 = (\lambda^2 + \lambda) - \lambda^2 = \lambda$$

 4.2.2 设随机变量 X 服从区间 $[a, b]$ 上的均匀分布，其概率密度为
$$f(x) = \begin{cases} \dfrac{1}{b-a}, & x \in [a, b], \\ 0, & x \notin [a, b], \end{cases}$$
则 $E(X) = \dfrac{a+b}{2}$
$$E(X^2) = \int_{-\infty}^{+\infty} x f(x) \, dx = \int_a^b \frac{x^2}{b-a} dx = \frac{1}{b-a} \cdot \frac{b^3 - a^3}{3} = \frac{b^2 + ab + a^2}{3}$$
$$D(X) = E(X^2) - [E(X)]^2 = \frac{b^2 + ab + a^2}{3} - \left(\frac{a+b}{2}\right)^2 = \frac{(b-a)^2}{12}$$

例 4.2.3 设连续型随机变量 X 的概率密度为

$$f(x)=\begin{cases} x, & 0<x\leqslant 1, \\ 2-x, & 1<x\leqslant 2, \\ 0, & \text{其他}, \end{cases}$$

求 $D(X)$.

解 $E(X)=\int_{-\infty}^{+\infty}xf(x)\mathrm{d}x=\int_{0}^{1}x\cdot x\mathrm{d}x+\int_{1}^{2}x\cdot(2-x)\mathrm{d}x$

$=\dfrac{1}{3}+\dfrac{2}{3}=1$

$E(X^2)=\int_{-\infty}^{+\infty}x^2f(x)\mathrm{d}x=\int_{0}^{1}x^2\cdot x\mathrm{d}x+\int_{1}^{2}x^2\cdot(2-x)\mathrm{d}x$

$=\dfrac{1}{4}+\dfrac{11}{12}=\dfrac{7}{6}$

$D(X)=E(X^2)-[E(X)]^2=\dfrac{7}{6}-1^2=\dfrac{1}{6}$

4.2.3 方差的性质

以下均假定随机变量的方差是存在的.

性质 4.2.1 设 c 为常数,则有

$$D(c)=0 \quad (4.2.4)$$

性质 4.2.2 设 a 为常数,X 为随机变量,则有

$$D(aX)=a^2D(X) \quad (4.2.5)$$

性质 4.2.3 设 b 为常数,X 为随机变量,则有

$$D(X+b)=D(X) \quad (4.2.6)$$

性质 4.2.4 设 X 和 Y 为两个相互独立的随机变量,则有

$$D(X\pm Y)=D(X)+D(Y) \quad (4.2.7)$$

它可推广到 n 个随机变量的情形,即若 $X_1,X_2,\cdots,X_n$ 相互独立,则有

$$D(X_1\pm X_2\pm\cdots\pm X_n)=D(X_1)+D(X_2)+\cdots+D(X_n) \quad (4.2.8)$$

以下证明性质 4.2.4,读者可自行证明前 3 条性质.

证 $D(X+Y) = E[(X+Y)-E(X+Y)]^2$
$= E[(X-E(X))+(Y-E(Y))]^2$
$= E[(X-E(X))^2] + E[(Y-E(Y))^2] +$
$\quad 2E[(X-E(X))(Y-E(Y))]$
$= D(X) + D(Y) + 2E[(X-E(X))(Y-E(Y))]$

因 X 和 Y 相互独立,故 $X-E(X)$ 与 $Y-E(Y)$ 也相互独立,则

$D(X+Y) = D(X) + D(Y) + 2E[(X-E(X))]E[(Y-E(Y))]$
$\qquad = D(X) + D(Y) + 0 = D(X) + D(Y)$
$D(X-Y) = D[X+(-Y)] = D(X) + D(-Y) = D(X) + D(Y)$

 4.2.4 设随机变量 X 服从正态分布 $N(\mu, \sigma^2)$,求 $E(X)$ 及 $D(X)$.

解 $X \sim N(\mu, \sigma^2)$,则 $U = \dfrac{X-\mu}{\sigma} \sim N(0,1)$

$E(U) = \int_{-\infty}^{+\infty} u \cdot \dfrac{1}{\sqrt{2\pi}} e^{-\frac{u^2}{2}} du = 0$

$D(U) = E(U^2) = \int_{-\infty}^{+\infty} u^2 \cdot \dfrac{1}{\sqrt{2\pi}} e^{-\frac{u^2}{2}} du = -\int_{-\infty}^{+\infty} u \cdot \dfrac{1}{\sqrt{2\pi}} d e^{-\frac{u^2}{2}}$

$= -u e^{-\frac{u^2}{2}} \Big|_{-\infty}^{+\infty} + \int_{-\infty}^{+\infty} \dfrac{1}{\sqrt{2\pi}} e^{-\frac{u^2}{2}} du = 0 + 1 = 1$

$E(X) = E(\mu + \sigma U) = \mu + \sigma E(U) = \mu$
$D(X) = D(\mu + \sigma U) = \sigma^2 D(U) = \sigma^2$

 4.2.5 在上一节的例 4.1.9 中,进一步计算 $D(X)$.

解 仍沿用例 4.1.9 的符号及结论,且有 $X_1, X_2, \cdots, X_n$ 相互独立.

$$E(X_i^2) = \sum_{k=1}^{6} k^2 \cdot \dfrac{1}{6} = \dfrac{91}{6}$$

则

$$D(X_i) = E(X_i^2) - [E(X_i)]^2 = \dfrac{91}{6} - \left(\dfrac{7}{2}\right)^2 = \dfrac{35}{12}$$

由方差的性质,可得

$$D(X) = D\left(\sum_{i=1}^{n} X_i\right) = \sum_{i=1}^{n} D(X_i) = \sum_{i=1}^{n} \dfrac{35}{12} = \dfrac{35n}{12}$$

§4.3 协方差、相关系数与矩

对于二维随机变量 (X,Y)，除了讨论各个分量的数学期望和方差外，还需考虑描述两个分量间相互关联程度的特征数.

4.3.1 协方差

定义 4.3.1 设 (X,Y) 为二维随机变量，若 $E[(X-E(X))(Y-E(Y))]$ 存在，则称其为 X 与 Y 的**协方差**，记作 $\text{cov}(X,Y)$，即
$$\text{cov}(X,Y) = E[(X-E(X))(Y-E(Y))] \tag{4.3.1}$$

由式(4.3.1)可得
$$\begin{aligned}\text{cov}(X,Y) &= E[(X-E(X))(Y-E(Y))]\\&= E[XY - X\cdot E(Y) - Y\cdot E(X) + E(X)\cdot E(Y)]\\&= E(XY) - E(X)\cdot E(Y) - E(X)\cdot E(Y) + E(X)\cdot E(Y)\\&= E(XY) - E(X)\cdot E(Y)\end{aligned}$$

即得协方差的简化公式
$$\text{cov}(X,Y) = E(XY) - E(X)\cdot E(Y) \tag{4.3.2}$$

协方差具有如下性质：

性质 4.3.1 设 X 为随机变量，则有
$$\text{cov}(X,X) = D(X) \tag{4.3.3}$$

性质 4.3.2 设 a 为常数，X 为随机变量，则有
$$\text{cov}(X,a) = 0 \tag{4.3.4}$$

性质 4.3.3 若随机变量 X 和 Y 相互独立，则有
$$\text{cov}(X,Y) = 0 \tag{4.3.5}$$

性质 4.3.4 设 X 和 Y 为两个随机变量，则有
$$\text{cov}(X,Y) = \text{cov}(Y,X) \tag{4.3.6}$$

性质 4.3.5 设 a 和 b 为常数，X 和 Y 为两个随机变量，则有
$$\text{cov}(aX,bY) = ab\,\text{cov}(X,Y) \tag{4.3.7}$$

性质 4.3.6 设 X,Y 和 Z 为三个随机变量，则有
$$\text{cov}(X+Y,Z) = \text{cov}(X,Z) + \text{cov}(Y,Z) \tag{4.3.8}$$

性质 4.3.7 设 X 和 Y 为两个随机变量，则有
$$D(X\pm Y) = D(X) + D(Y) \pm 2\text{cov}(X,Y) \tag{4.3.9}$$

4.3.1 设二维连续型随机变量 (X,Y) 的联合概率密度为

$$f(x,y) = \begin{cases} 3x, & 0 < y < x < 1, \\ 0, & \text{其他}, \end{cases}$$

试求 $\text{cov}(X,Y)$.

解 $E(X) = \int_{-\infty}^{+\infty} \int_{-\infty}^{+\infty} x f(x,y) \mathrm{d}x \mathrm{d}y = \int_0^1 \mathrm{d}x \int_0^x x \cdot 3x \mathrm{d}y = \dfrac{3}{4}$

$E(Y) = \int_{-\infty}^{+\infty} \int_{-\infty}^{+\infty} y f(x,y) \mathrm{d}x \mathrm{d}y = \int_0^1 \mathrm{d}x \int_0^x y \cdot 3x \mathrm{d}y = \dfrac{3}{8}$

$E(XY) = \int_{-\infty}^{+\infty} \int_{-\infty}^{+\infty} xy f(x,y) \mathrm{d}x \mathrm{d}y = \int_0^1 \mathrm{d}x \int_0^x xy \cdot 3x \mathrm{d}y = \dfrac{3}{10}$

得

$$\text{cov}(X,Y) = E(XY) - E(X) \cdot E(Y) = \dfrac{3}{10} - \dfrac{3}{4} \cdot \dfrac{3}{8} = \dfrac{3}{160}$$

4.3.2 相关系数

协方差是有量纲的量,为了消除量纲的影响,对协方差除以相同量纲的量,得到下面的特征数——相关系数.

定义 4.3.2 设 (X,Y) 为二维随机变量,且 $D(X) > 0, D(Y) > 0$,则称

$$\rho_{XY} = \dfrac{\text{cov}(X,Y)}{\sqrt{D(X)} \cdot \sqrt{D(Y)}} = \dfrac{\text{cov}(X,Y)}{\sigma(X) \cdot \sigma(Y)} \quad (4.3.10)$$

为 X 与 Y 的(线性)相关系数(或标准协方差).

相关系数具有如下性质:

性质 4.3.8 $|\rho_{XY}| \leqslant 1$

性质 4.3.9 $|\rho_{XY}| = 1$ 的充要条件是 X 与 Y 间几乎处处有线性关系,即存在常数 $a(\neq 0)$ 和 b,使得

$$P(Y = aX + b) = 1$$

其中,当 $\rho_{XY} = 1$ 时有 $a > 0$;当 $\rho_{XY} = -1$ 时有 $a < 0$.

以下对相关系数作两点说明：

(1)相关系数刻画了 X 与 Y 间的线性关系强弱.

若 $0<\rho_{XY}\leqslant 1$，称 X 与 Y **正相关**. 特别地，若 $\rho_{XY}=1$，称 X 与 Y **完全正相关**.

若 $-1\leqslant\rho_{XY}<0$，称 X 与 Y **负相关**. 特别地，若 $\rho_{XY}=-1$，称 X 与 Y **完全负相关**.

若 $\rho_{XY}=0$，称 X 与 Y **不相关**.

$|\rho_{XY}|$ 越大，表明 X 与 Y 间的线性关系越明显；反之，$|\rho_{XY}|$ 越小，表明 X 与 Y 间的线性关系越不紧密. 不相关只是说明 X 与 Y 间没有线性关系，但可能会有其他的关系.

(2)若 X 与 Y 相互独立，则 X 与 Y 不相关；反之不然.

例 4.3.2 设 (X,Y) 服从区域 $D=\{(x,y)|0<y<x<1\}$ 上的均匀分布，试求 ρ_{XY}.

解 (X,Y) 的联合概率密度为

$$f(x,y)=\begin{cases}2, & 0<y<x<1,\\ 0, & \text{其他},\end{cases}$$

$$E(X)=\int_{-\infty}^{+\infty}\int_{-\infty}^{+\infty}xf(x,y)\mathrm{d}x\mathrm{d}y=\int_0^1\mathrm{d}x\int_0^x x\cdot 2\mathrm{d}y=\frac{2}{3}$$

$$E(Y)=\int_{-\infty}^{+\infty}\int_{-\infty}^{+\infty}yf(x,y)\mathrm{d}x\mathrm{d}y=\int_0^1\mathrm{d}x\int_0^x y\cdot 2\mathrm{d}y=\frac{1}{3}$$

$$E(XY)=\int_{-\infty}^{+\infty}\int_{-\infty}^{+\infty}xyf(x,y)\mathrm{d}x\mathrm{d}y=\int_0^1\mathrm{d}x\int_0^x xy\cdot 2\mathrm{d}y=\frac{1}{4}$$

可得

$$\mathrm{cov}(X,Y)=E(XY)-E(X)E(Y)=\frac{1}{36}$$

又

$$E(X^2)=\int_{-\infty}^{+\infty}\int_{-\infty}^{+\infty}x^2 f(x,y)\mathrm{d}x\mathrm{d}y=\int_0^1\mathrm{d}x\int_0^x x^2\cdot 2\mathrm{d}y=\frac{1}{2}$$

$$D(X)=E(X^2)-[E(X)]^2=\frac{1}{2}-\left(\frac{2}{3}\right)^2=\frac{1}{18}$$

$$E(Y^2)=\int_{-\infty}^{+\infty}\int_{-\infty}^{+\infty}y^2 f(x,y)\mathrm{d}x\mathrm{d}y=\int_0^1\mathrm{d}x\int_0^x y^2\cdot 2\mathrm{d}y=\frac{1}{6}$$

$$D(Y)=E(Y^2)-[E(Y)]^2=\frac{1}{6}-\left(\frac{1}{3}\right)^2=\frac{1}{18}$$

故

$$\rho_{XY} = \frac{\operatorname{cov}(X,Y)}{\sqrt{DX}\sqrt{DY}} = \frac{\frac{1}{36}}{\sqrt{\frac{1}{18}} \cdot \sqrt{\frac{1}{18}}} = \frac{1}{2}$$

4.3.3 矩

定义 4.3.3 设 X 为随机变量，k 为正整数，若以下的数学期望都存在，则称

$$\mu_k = E(X^k) \tag{4.3.11}$$

为 X 的 k 阶原点矩. 称

$$\nu_k = E[X - E(X)]^k \tag{4.3.12}$$

为 X 的 k 阶中心矩.

定义 4.3.4 设 (X,Y) 为二维随机变量，k,l 为正整数，若以下的数学期望都存在，则称

$$E(X^k Y^l) \tag{4.3.13}$$

为 (X,Y) 的 (k,l) 阶混合原点矩. 称

$$E\{[X - E(X)]^k \cdot [Y - E(Y)]^l\} \tag{4.3.14}$$

为 (X,Y) 的 (k,l) 阶混合中心矩.

可见，X 的一阶原点矩 μ_1 即数学期望 $E(X)$，二阶中心矩 ν_2 即方差 $D(X)$，(X,Y) 的 $(1,1)$ 阶混合中心矩即协方差 $\operatorname{cov}(X,Y)$.

相关阅读

切比雪夫

1821 年 5 月 26 日出生，是俄罗斯数学家、力学家. 他一生发表了 70 多篇科学论文，内容涉及数论、概率论、函数逼近论、积分学等方面. 他证明了贝尔特兰公式、自然数列中素数分布的定理、大数定律的一般公式以及中心极限定理. 他不仅重视纯数学，而且十分重视数学的应用. 在概率论方面，切比雪夫建立了证明极限定理的新方法——矩法，用十分初等

的方法证明了一般形式的大数律,研究了独立随机变量的和函数的收敛条件,证明了这种和函数可以按方幂渐近展开为变量的个数.他的贡献使概率论的发展进入新阶段.

复习题 4

4.1 设随机变量 X 的可能取值为 $-1,0,1$,且取这三个值的概率之比为 $1:2:3$,试求 X 的分布律及 $E(X)$.

4.2 设随机变量 X 的概率密度为

$$f(x) = \begin{cases} \dfrac{1}{3}x - \dfrac{1}{6}, & 1 < x < 3, \\ 0, & 其他, \end{cases}$$

试求 $E(X)$.

4.3 设随机变量 X 的分布律为

X	-2	-1	0	1	2	3
P	0.1	0.2	0.2	0.3	0.1	0.1

试求 $E(X), E(X^2 + X)$.

4.4 设二维随机变量 (X, Y) 的联合概率密度为

$$f(x,y) = \begin{cases} 3x, & 0 < y < x < 1, \\ 0, & 其他, \end{cases}$$

试求 $E(X), E(Y), E(XY^2), E(3X + 2Y)$.

4.5 一袋中有 5 个乒乓球,编号分别为 $1,2,3,4,5$,从中任意取 3 个,X 表示取出的 3 个球中的最大号码,试求 X 的分布律及 $D(X)$.

4.6 设随机变量 X 的概率密度为

$$f(x) = \begin{cases} \dfrac{2}{\pi}\cos^2 x, & -\dfrac{\pi}{2} \leqslant x \leqslant \dfrac{\pi}{2}, \\ 0, & 其他, \end{cases}$$

试求 $D(X)$.

4.7 设随机变量 X 的概率密度为

$$f(x) = \begin{cases} ax^2 + bx + c, & 0 < x < 1, \\ 0, & 其他, \end{cases}$$

已知 $E(X) = 0.5, D(X) = 0.15$,求 a, b, c 的值.

4.8 一袋中有 n 张卡片,号码分别为 $1,2,\cdots,n$,从中有放回地抽取出 k 张卡片,X 表示所抽得的 k 张卡片的号码之和,试求 $E(X)$ 及 $D(X)$.

4.9 设二维随机变量(X,Y)的联合分布律为

X \ Y	1	2
1	$\frac{1}{8}$	$\frac{3}{8}$
2	$\frac{1}{12}$	$\frac{1}{4}$
3	$\frac{1}{24}$	$\frac{1}{8}$

试求X与Y的协方差$\text{cov}(X,Y)$.

4.10 设二维随机变量(X,Y)的联合概率密度为

$$f(x,y) = \begin{cases} \frac{1}{3}(x+y), & 0<x<1, 0<y<2, \\ 0, & \text{其他}, \end{cases}$$

试求X与Y的协方差$\text{cov}(X,Y)$.

4.11 设二维随机变量(X,Y)的联合概率密度为

$$f(x,y) = \begin{cases} 2-x-y, & 0<x<1, 0<y<1, \\ 0, & \text{其他}, \end{cases}$$

试求X与Y的相关系数ρ_{XY}.

4.12 设二维随机变量(X,Y)在由x轴、y轴和直线$x+y-2=0$所围成的区域D上服从均匀分布,试求X与Y的相关系数ρ_{XY}.

扫一扫,获取参考答案

第 5 章 大数定律与中心极限定理

【学习目标】

1. 识记依概率收敛的概念；了解依概率收敛与几乎处处收敛的区别；

2. 掌握切比雪夫不等式的含义并了解其证明方法；

3. 掌握大数定律的意义及其定义，识记常用的几个大数定律的内容，了解利用大数定律处理问题的相关例子；

4. 掌握林德伯格-列维中心极限定理、德莫佛-拉普拉斯中心极限定理的内容；

5. 掌握中心极限定理的基本应用.

众所周知，研究由大量随机因素的影响所表现出来的规律性有极其重要的意义. 例如一些随机事件在某次试验中出现与否是偶然的，但在大量重复试验中却明显呈现出规律性，这种规律性可以从频率上得到反映，即频率在某个固定值附近摆动. 为什么会出现这种现象，在前面我们并没有理论上的说明. 另外在生活中我们也注意到一些随机变量如果是由许多随机因素综合影响而产生的，当其中每个随机因素都不起主要作用时，这些随机变量往往在分布上近似呈现出正态性. 对于这些问题我们在本章将会用极限的方法予以解释.

第 5 章 大数定律与中心极限定理

§5.1 大数定律

5.1.1 依概率收敛与切比雪夫不等式

随机变量序列的收敛性有多种,在本节中将引入依概率收敛及这一概念.

定义 5.1.1 设 $\{X_n\}$ 是一个随机变量序列,若存在随机变量 X,使得对任意的正数 ε,都有 $\lim\limits_{n\to\infty} P(|X_n - X| \geqslant \varepsilon) = 0$,则称随机变量序列 $\{X_n\}$ 依概率收敛于 X,记作 $X_n \xrightarrow{P} X$.

从定义上可以看出,依概率收敛意味着绝对偏差 $|X_n - X|$ 小于给定数的可能性随着 n 的增大而越来越接近于 1.

如果 $P(X_n \to X) = 1$,则称序列 $\{X_n\}$ 几乎处处收敛于 X. 记作 $X_n \xrightarrow{a.s.} X$.

可以证明,几乎处处收敛的随机变量序列一定是依概率收敛的,但反之不真.

定义 5.1.2 若对任何大于 2 的正整数 n,$X_1, X_2, \cdots, X_n$ 都是相互独立的,则称随机变量序列 $\{X_n\}$ 是相互独立的. 此时,如果每个 X_k 的分布都相同,则称 $\{X_n\}$ 是独立同分布的随机变量序列.

下面将给出几个常见的大数定律,在此之前,我们引入切比雪夫不等式.

定理 5.1.1(切比雪夫不等式) 设随机变量 X 的期望与方差都存在,则对任何正数 ε,有 $P(|X - EX| \geqslant \varepsilon) \leqslant \dfrac{DX}{\varepsilon^2}$.

证明 仅讨论 X 是离散型随机变量的情形,连续型的情形可类似证明. 设 X 的分布律 $p_i = P(X = x_i), i = 1, 2, \cdots$,则有

$$DX = \sum_{i=1}^{\infty}(x_i - EX)^2 p_i \geqslant \sum_{|x_i - EX| \geqslant \varepsilon}(x_i - EX)^2 p_i$$
$$\geqslant \varepsilon^2 \sum_{|x_i - EX| \geqslant \varepsilon} p_i = \varepsilon^2 P(|X - EX| \geqslant \varepsilon)$$

所以
$$P(|X-EX|\geq \varepsilon)\leq \frac{DX}{\varepsilon^2}$$

5.1.2 常用的大数定律

在日常生活中,我们往往会注意到这样一个现象,即在一次观察中,随机事件 A 有可能发生,也有可能不发生,但在大量重复地观察中,事件 A 发生的频率具有一定的"稳定性".具体来说,若将一次观察作为试验,在试验中,事件 A 发生的概率为 p,n 次独立观察中事件 A 发生的频率为 $\frac{\mu_n}{n}$,那么当 n 充分大时,$\frac{\mu_n}{n}$ 与 p 会很接近.事实上,这种"稳定性"也广泛存在于社会科学与自然科学中.现在我们要提出的问题是:这里所说的"稳定"其确切含义是什么?为什么频率会具有这种"稳定性",这就是下面要提出大数定律这一概念的来源.

> **定义 5.1.3** 设 $\{X_n\}$ 为一随机变量序列,且对每个正整数 n,EX_n 都存在,令 $\overline{X}_n = \dfrac{\sum_{i=1}^{n} X_i}{n}$,若对任意的 $\varepsilon > 0$,都有
> $$\lim_{n\to\infty} P(|\overline{X}_n - E\overline{X}_n| \geq \varepsilon) = 0,$$
> 则称随机变量序列 $\{X_n\}$ 服从弱大数定律.

若 $P(\overline{X}_n - E\overline{X}_n \to 0) = 1$,则称随机变量序列 $\{X_n\}$ 服从强大数定律.

由定义可看出,若随机变量序列 $\{X_n\}$ 服从强大数定律,意味着 $\overline{X}_n - E\overline{X}_n$ 几乎处处收敛于 0,若随机变量序列 $\{X_n\}$ 服从弱大数定律,意味着 $\overline{X}_n - E\overline{X}_n$ 依概率收敛于 0. 另外,服从强大数定律的随机变量序列必服从弱大数定律. 在本章中,我们并不讨论强大数定律,以后所说的大数定律,指的都是弱大数定律.

定理 5.1.2(马尔可夫大数定律) 对随机变量序列 $\{X_n\}$,若满足条件

$$\frac{D(\sum_{i=1}^{n} X_i)}{n^2} \to 0, \tag{5.1.1}$$

则 $\{X_n\}$ 服从大数定律.

证明 由切比雪夫不等式,$\forall \varepsilon > 0$,

$$P(|\overline{X}_n - E\overline{X}_n| \geq \varepsilon) \leq \frac{D\overline{X}}{\varepsilon^2} = \frac{D(\sum_{i=1}^{n} X_i)}{n^2 \varepsilon} \to 0$$

则 $\{X_n\}$ 服从大数定律.

条件(5.1.1)被称为**马尔可夫条件**.

由马尔可夫大数定律,不难得到以下几个常用的大数定律.

定理 5.1.3(切比雪夫大数定律) 设 $\{X_n\}$ 为独立同分布的随机变量序列,EX_1, DX_1 存在,则 $\{X_n\}$ 服从大数定律.

证明 因为 $\{X_n\}$ 为独立同分布的随机变量序列,则

$$EX_1 = EX_2 = \cdots EX_n = \cdots$$
$$DX_1 = DX_2 = \cdots = DX_n = \cdots,$$

从而 $\dfrac{D(\sum_{i=1}^{n} X_i)}{n^2} = \dfrac{nDX_1}{n^2} \to 0$,即序列 $\{X_n\}$ 满足马尔可夫条件,则 $\{X_n\}$ 服从大数定律.

若将切比雪夫大数定律中的条件放宽,比如 $\{X_n\}$ 为两两不相关的随机变量序列,对每个正整数 n, EX_n, DX_n 存在,定理的结论仍然成立.

1713年,瑞士数学家伯努利建立了概率论中第一个极限定理,即伯努利大数定律,阐明了在试验次数足够多的情形下,事件的频率逐渐稳定于它的概率.

定理 5.1.4(伯努利大数定律) 设 $f_n(A)$ 是 n 重伯努利试验中事件 A 发生的频率,$P(A) = p$,则对任意正数 ε,有

$$\lim_{n \to \infty} P(|f_n(A) - p| \geq \varepsilon) = 0.$$

证明 设 $X_i = \begin{cases} 1, & \text{第 } i \text{ 次试验 } A \text{ 发生} \\ 0, & \text{第 } i \text{ 次试验 } A \text{ 不发生} \end{cases}$, $i = 1, 2, \cdots, n$, 则 $\{X_i\}$ 是独立同分布的随机变量序列, $EX_1 = p$, $DX_1 = pq$, 由定理 5.1.3, $\{X_i\}$ 服从大数定律. 另外 $f_n(A) = \dfrac{\sum_{i=1}^{n} X_i}{n}$, $p = \dfrac{\sum_{i=1}^{n} EX_i}{n}$, 则对任意正数 ε, 有

$$\lim_{n \to \infty} P(|f_n(A) - p| \geqslant \varepsilon) = 0$$

伯努利大数定律表明在独立重复试验中, 当试验次数足够多时, 事件发生的概率可以通过频率近似得出.

下面我们不加证明的引入辛钦大数定律, 该定理可以看做是切比雪夫大数定律的推广.

> **定理 5.1.5**（辛钦大数定律） 设 $\{X_n\}$ 为独立同分布的随机变量序列, EX_1 存在, 则 $\{X_n\}$ 服从大数定律.

大数定律不仅从理论上阐明了平均结果的稳定性含义及条件, 而且也为一些实际应用提供了理论依据. 比如称量某个物体的重量, 由于精度等各种因素的影响, 当对同一物体重复称量多次时, 可能会得到多个不同的数值, 当称量次数的增加后, 平均值逐渐接近于物体的真实重量. 可以说大数定律建立了偶然性与必然性之间的一座桥梁, 对人们认识客观世界有很大的启迪.

§5.2 中心极限定理

生活中很多随机变量都服从或近似服从正态分布, 为什么服从正态分布的随机变量如此广泛地存在呢? 本节将讨论这一问题.

以测量误差为例, 大量的观察表明, 测量误差是由众多独立因素引起的, 假设每个因素引起的误差为一随机变量 X_i, $i = 1, 2, \cdots$, 那么总的误差就是每个随机因素的叠加, 于是研究误差的分布就是研究独立随机变量的和 $\sum_{i=1}^{n} X_i$ 的极限分布.

第 5 章 大数定律与中心极限定理

设 $\{X_n\}$ 为一独立随机变量序列，EX_k、DX_k 存在，令

$$Y_n = \frac{\sum_{k=1}^{n} X_k - \sum_{k=1}^{n} EX_k}{\sqrt{\sum_{k=1}^{n} DX_k}}$$

称其为随机变量序列 $\{X_n\}$ **前 n 项的规范和**.

若对一切 $x \in R$，都有 $\lim_{n \to \infty} p(Y_n \leqslant x) = \frac{1}{\sqrt{2\pi}} \int_{-\infty}^{x} e^{-\frac{t^2}{2}} dt$，则称 $\{X_n\}$ 服从**中心极限定理**.

下面我们不加证明的介绍几个常见的中心极限定理.

定理 5.2.1（林德伯格-列维中心极限定理） 设 $\{X_n\}$ 为一独立同分布的随机变量序列，EX_k、DX_k 存在，且 $EX_k = \mu$，$DX_k = \sigma^2$，若 $\sigma^2 > 0$，则 $\{X_n\}$ 服从中心极限定理，即对任意的 $x \in \mathbf{R}$，都有

$$\lim_{n \to \infty} p\left(\frac{\sum_{k=1}^{n} X_k - n\mu}{\sqrt{n}\sigma} \leqslant x\right) = \frac{1}{\sqrt{2\pi}} \int_{-\infty}^{x} e^{-\frac{t^2}{2}} dt$$

定理 5.2.2（德莫佛-拉普拉斯中心极限定理） 设 μ_n 是 n 重伯努利试验中事件 A 发生的次数，$P(A) = p$，$0 < p < 1$，$q = 1 - p$，则对任意的 $a < b$，有

$$\lim_{n \to \infty} p\left(a < \frac{\mu_n - np}{\sqrt{npq}} \leqslant b\right) = \frac{1}{\sqrt{2\pi}} \int_{a}^{b} e^{-\frac{t^2}{2}} dt$$

德莫佛-拉普拉斯中心极限定理是概率论历史上的第一个中心极限定理，不仅由它引入了中心极限定理的研究课题，而且它还有许多重要的应用. 一直到上个世纪三十年代，中心极限定理的研究还是概率论的中心内容.

设 μ_n 为 n 重伯努利试验中事件 A 发生的频率，p 为每次试验中事件 A 发生的概率，$q = 1 - p$，由德莫佛-拉普拉斯定理，有

$$P\left\{\left|\frac{\mu_n}{n} - p\right| < \varepsilon\right\} = P\left\{-\varepsilon\sqrt{\frac{n}{pq}} < \frac{\mu_n - np}{\sqrt{npq}} < \varepsilon\sqrt{\frac{n}{pq}}\right\}$$

$$\approx \Phi\left(\varepsilon\sqrt{\frac{n}{pq}}\right) - \Phi\left(-\varepsilon\sqrt{\frac{n}{pq}}\right) = 2\Phi\left(\varepsilon\sqrt{\frac{n}{pq}}\right) - 1.$$

这个关系式可用于解决频率估计概率的计算问题：

例 5.2.1 某种产品的不合格品率为 0.005，从中任取 10000 件，问不合格品不多于 70 的概率等于多少？

解 设 $X_i = \begin{cases} 1, & \text{第 } i \text{ 件产品是不合格品,} \\ 0, & \text{第 } i \text{ 件产品不是不合格品,} \end{cases}$ $i = 1, 2, \cdots, 10000$，

则 $\{X_i\}$ 为一独立同分布的随机变量序列，
且 $EX_i = 0.005, DX_k = 0.005 \times 0.995$，
由定理 5.2.1 知，

$$P(\sum_{i=1}^{10000} X_i \leqslant 70) = P(\frac{\sum_{i=1}^{10000} X_i - \sum_{i=1}^{10000} EX_i}{\sqrt{\sum_{i=1}^{10000} DX_i}} \leqslant \frac{70 - 50}{\sqrt{49.75}})$$

$$= \Phi(2.84) \approx 0.9977$$

则不合格品不多于 70 的概率为 0.9977.

例 5.2.2 在蒲丰掷硬币试验中，掷硬币 4040 次，出现正面 2048 次，试计算当重新掷硬币 4040 次时，出现正面的频率与其概率的偏差不大于蒲丰试验的偏差的概率.

解 由题设 $n = 4040, p = \frac{1}{2}$，则蒲丰试验的偏差为 $\frac{2048}{4040} - \frac{1}{2} = 0.0069$

由定理 5.2.2 知，$P(\left|\frac{\mu_n}{n} - \frac{1}{2}\right| < 0.0069) \approx 2\Phi(0.0069 \sqrt{\frac{4040}{\frac{1}{4}}}) - 1 =$
$2\Phi(0.877) - 1 \approx 0.62.$

例 5.2.3 一盒同型号螺丝钉共有 100 个，已知该型号的螺丝钉的重量是一个随机变量，期望值是 100 g，标准差是 10 g，求一盒螺丝钉的重量超过 10.2 kg 的概率.

解 设 X_i 为第 i 个螺丝钉的重量，$i = 1, 2, \cdots, 100$，
且它们之间独立同分布，于是一盒螺丝钉的重量为 $X = \sum_{i=1}^{100} X_i$，

且由 $\mu = E(X_i) = 100, \sigma = \sqrt{D(X_i)} = 10, n = 100$,
知 $E(X) = 100 \times E(X_i) = 10000, \sqrt{D(X)} = 100$,
由中心极限定理有

$$P\{X > 10200\} = P\left\{\frac{\sum_{i=1}^{n} X_i - n\mu}{\sigma\sqrt{n}} > \frac{10200 - n\mu}{\sigma\sqrt{n}}\right\}$$

$$= P\left\{\frac{X - 10000}{100} > \frac{10200 - 10000}{100}\right\}$$

$$= P\left\{\frac{X - 10000}{100} > 2\right\} = 1 - P\left\{\frac{X - 10000}{100} \leq 2\right\}$$

$$\approx 1 - \Phi(2) = 1 - 0.97725 = 0.02275.$$

相关阅读

马尔可夫

安德雷·安德耶维齐·马尔可夫(1856年6月14日—1922年7月20日),俄国数学家。马尔可夫的主要研究领域在概率和统计方面。他的研究开创了随机过程这个新的领域,以他的名字命名的马尔可夫链在现代工程、自然科学和社会科学各个领域都有很广泛的应用。他的主要著作有《概率演算》等。在数论方面,他研究了连分数和二次不定式理论,解决了许多难题。在概率论中,他发展了矩法,扩大了大数律

和中心极限定理的应用范围。马尔可夫最重要的工作是在1906—1912年间,提出并研究了一种能用数学分析方法研究自然过程的一般图式——马尔可夫链。同时开创了对一种无后效性的随机过程——马尔可夫过程的研究。马尔可夫经多次观察试验发现,一个系统的状态转换过程中第 n 次转换获得的状态常决定于前一次(第($n-1$)次)试验的结果。马尔可夫进行深入研究后指出:对于一个系统,由一个状态转至另一个状态的转换过程中,存在着转移概率,并且这种转移概率可以依据其紧接的前一种状态推算出来,与该系统的原始状态和此次转移前的马尔可夫过程无关。

复习题 5

5.1 用切比雪夫不等式证明:若 $DX = 0$,则 $P(X = EX) = 1$.

5.2 某车间有 200 台车床,在生产期间由于需要检修、调换刀具、变换位置及调换工作等常需停车. 设开工率为 0.6,并设每台车床的工作是独立的,且在开工时需电力 1 千瓦,问应供应多少瓦电力就能以 99.9% 的概率保证该车间不会因供电不足而影响生产?

5.3 某市保险公司开办一年人身保险业务,被保险人每年需交付保险费 160 元,若一年内发生重大人身事故,其本人或家属可获 2 万元赔金. 已知该市人员一年内发生重大人身事故的概率为 0.005,现有 5000 人参加此项保险,问保险公司一年内从此项业务所得到的总收益在 20 万到 40 万元之间的概率是多少?

5.4 对于一个学校而言,来参加家长会的家长人数是一个随机变量,设一个学生无家长,1 名家长,2 名家长来参加会议的概率分别 $0.05, 0.8, 0.15$. 若学校共有 400 名学生,设各学生参加会议的家长数相互独立,且服从同一分布. 求参加会议的家长数 X 超过 450 的概率.

5.5 某地有甲、乙两个电影院竞争当地每天的 1000 名观众,观众选择电影院是独立和随机的,问:每个电影院至少应设有多少个座位,才能保证观众因缺少座位而离去的概率小于 1%?

扫一扫,获取参考答案

第 6 章 数理统计基础

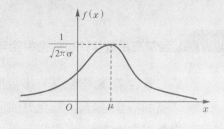

【学习目标】
1. 了解总体、个体与随机样本概念定义;
2. 理解统计量定义并掌握常用抽样分布(三大分布);
3. 掌握样本数据的描述性分析方法.

数理统计是研究如何用有效的方法收集、整理和分析带有随机性影响的数据,对研究对象的客观规律做出合理的估计和推断,为采取某种决策提供依据和建议. 它以随机现象的观察试验取得数据作为出发点,以概率论为理论基础来研究随机现象. 本章介绍统计的基本概念,如总体和样本、统计量和抽样分布等,内容既是由概率论向数理统计过渡的桥梁,又是今后学习统计推断(参数估计和假设检验)的必要准备.

§6.1 总体与随机样本

6.1.1 总体与个体

数理统计中,称研究对象的全体为总体,构成总体的每个基本单元称为个体. 统计意义上,总体具有三重含义. 第一重含义:总体是一些实在的人或物的全体. 例如,当我们研究某工厂的产品合格情况,则该工厂的全体产品即为总体,每个产品就是个体.

第二重含义:总体就是一串数据.当研究产品的合格情况时,若用 0 与 1 表示产品的不合格与合格,抛开实际背景,总体就是一串由 0 和 1 组成的数据.这串数据有大有小,可以用一个概率分布描述和归纳.第三重含义:总体就是服从一个分布的随机变量.数理统计中,采用总体的第三重含义,将总体视为一个随机变量.总体即是随机变量所有可能取值的全体,而每一个个体为随机变量的一个具体取值.为了与随机变量符号一致,本书用大写字母 X,Y 表示总体.

当要研究对象的两个或多个指标,可用随机向量及其联合分布描述总体,称为多维总体.例如,研究某工厂全体产品的合格情况与生产误差,则用一个二维随机向量 (X,Y) 描述该总体.

6.1.2 随机样本

从理论上讲,只要对随机变量进行无穷多次观测,那么该随机变量的分布性质可以呈现出来,并且在某种意义上没有误差,而在实际中观测次数都是有限的.

为了研究总体 X 的分布规律,随机抽取 n 个个体 $x_1,x_2,\cdots,x_n$,即为随机变量 X 的 n 个取值,称为样本观测值.由于这 n 个取值具有随机性,并且服从随机变量 X 的分布规律,每个 x_i 也可视为某个随机变量 X_i 的观测值.$X_i(i=1,2,\cdots,n)$ 相互独立,并且与 X 同分布,则 $X_i(i=1,2,\cdots,n)$ 称为总体 X 的一个样本,n 为样本量.

因此,若总体 X 具有分布函数 $F(x)$,则样本 $X_i(i=1,2,\cdots,n)$ 具有联合分布函数:$F_n(x_1,x_2,\cdots,x_n)=\prod_{i=1}^{n}F(x_i)$.

§6.2 统计量及其分布

6.2.1 统计量

样本与总体具有相同分布,是总体的代表与反映,包含了总体的相关信息.为了根据样本对总体分布特征进行统计推断,通常针对不同问题构造出样本的某种函数,再利用该函数进行统计推断.

第6章 数理统计基础

> **定义 6.2.1** 设 $X_i(i=1,2,\cdots,n)$ 是总体 X 的一个样本，$g(x_1,x_2,\cdots,x_n)$ 为连续函数，若该函数不含未知参数，称样本的函数 $g(X_1,X_2,\cdots,X_n)$ 为一个统计量. 若 $(x_1,x_2,\cdots,x_n)$ 为一组样本观测值，则 $g(x_1,x_2,\cdots,x_n)$ 是统计量 $g(X_1,X_2,\cdots,X_n)$ 的一个实现值.

例 6.2.1 若 $X_i(i=1,2,\cdots,n)$ 是总体 X 的一个样本，$X\sim N(\mu,\sigma^2)$，且 μ 与 σ^2 未知，那么 $g_1(X_1,X_2,\cdots,X_n)=\sum\limits_{i=1}^{n}X_i$ 为统计量，而 $g_2(X_1,X_2,\cdots,X_n)=\sum\limits_{i=1}^{n}(X_i-\mu)^2$ 不是统计量，因为 $g_2(X_1,X_2,\cdots,X_n)$ 含有未知参数 μ.

设 $X_i(i=1,2,\cdots,n)$ 是总体 X 的一个样本. 下面介绍常用的统计量，包括样本均值与样本方差等，并讨论其性质.

样本均值：$\overline{X}=\dfrac{1}{n}\sum\limits_{i=1}^{n}X_i$，它反映的是总体 X 数学期望的信息，样本均值是最常用的统计量.

样本方差：$S^2=\dfrac{1}{n-1}\sum\limits_{i=1}^{n}(X_i-\overline{X})^2$，它反映的是总体 X 方差的信息，样本方差 S^2 与样本标准差 S 也是最常用的统计量.

变异系数：$V=\dfrac{S}{\overline{X}}$，它反映出总体变异系数 C 的信息，其中变异系数定义为 $C=\dfrac{\sqrt{D(X)}}{E(X)}$，它反映出随机变量在以它的均值为单位时取值的离散程度. 此统计量消除了均值不同对总体的离散程度的影响，常用来描绘不同均值下的各个总体的离散程度.

样本原点矩：$A_k=\dfrac{1}{n}\sum\limits_{i=1}^{n}X_i^k$，称为样本 k 阶原点矩，反映总体 k 阶原点矩 $E(X^k)$ 的信息.

样本中心矩：$B_k=\dfrac{1}{n}\sum\limits_{i=1}^{n}(X_i-\overline{X})^k$，称为样本 k 阶中心距，反映总体 k 阶中心距 $E[X-E(X)]^k$ 的信息.

> **定理 6.2.1** 设总体 X 的期望及方差均存在,$E(X)=\mu$,$D(X)=\sigma^2$,$X_i(i=1,2,\cdots,n)$ 是总体 X 的一个样本,则有 $E(\bar{X})=\mu$,$D(\bar{X})=\dfrac{\sigma^2}{n}$.

证明 $E(\bar{X})=E\left(\dfrac{1}{n}\sum\limits_{i=1}^{n}X_i\right)=\dfrac{1}{n}E\left(\sum\limits_{i=1}^{n}X_i\right)=\dfrac{1}{n}\sum\limits_{i=1}^{n}E(X_i)$

$=\dfrac{1}{n}\sum\limits_{i=1}^{n}E(X)=\dfrac{1}{n}\cdot n\cdot\mu=\mu,$

$D(\bar{X})=D\left(\dfrac{1}{n}\sum\limits_{i=1}^{n}X_i\right)=\dfrac{1}{n^2}D\left(\sum\limits_{i=1}^{n}X_i\right)=\dfrac{1}{n^2}\sum\limits_{i=1}^{n}D(X_i)$

$=\dfrac{1}{n^2}\sum\limits_{i=1}^{n}D(X)=\dfrac{1}{n^2}\cdot n\cdot\sigma^2=\dfrac{\sigma^2}{n}.$

> **定理 6.2.2** 设总体 X 的期望及方差均存在,$E(X)=\mu$,$D(X)=\sigma^2$,$X_i(i=1,2,\cdots,n)$ 是总体 X 的一个样本,则有 $E(S^2)=\sigma^2$.

证明

$E(S^2)=E\left[\dfrac{1}{n-1}\sum\limits_{i=1}^{n}(X_i-\bar{X})^2\right]=\dfrac{1}{n-1}E\left[\sum\limits_{i=1}^{n}(X_i-\bar{X})^2\right]$

$=\dfrac{1}{n-1}E\left\{\sum\limits_{i=1}^{n}\left[(X_i-\mu)-(\bar{X}-\mu)\right]^2\right\}$

$=\dfrac{1}{n-1}E\left\{\sum\limits_{i=1}^{n}\left[(X_i-\mu)^2-2(X_i-\mu)(\bar{X}-\mu)+(\bar{X}-\mu)^2\right]\right\}$

$=\dfrac{1}{n-1}\left\{\sum\limits_{i=1}^{n}E[(X_i-\mu)^2]-2E\left[(\bar{X}-\mu)\sum\limits_{i=1}^{n}(X_i-\mu)\right]+nE[(\bar{X}-\mu)^2]\right\}$

$=\dfrac{1}{n-1}\left\{\sum\limits_{i=1}^{n}D(X_i)-2nE[(\bar{X}-\mu)^2]+nE[(\bar{X}-\mu)^2]\right\}$

$=\dfrac{1}{n-1}\{nD(X)-nE[(\bar{X}-\mu)^2]\}$

$=\dfrac{1}{n-1}[n\sigma^2-nD(\bar{X})]$

$=\dfrac{1}{n-1}\left(n\sigma^2-n\dfrac{\sigma^2}{n}\right)$

$=\sigma^2$

定义 6.2.2 设 $X_i(i=1,2,\cdots,n)$ 是总体 X 的一个样本,对于样本观测值 $x_1,x_2,\cdots,x_n$,对其从小到大排列,得到:$x_{(1)} \leqslant x_{(2)} \leqslant \cdots \leqslant x_{(n)}$. 定义随机变量 $X_{(i)}$,对应取值为 $x_{(i)}$,称 $X_{(i)}$ 为样本 X_i ($i=1,2,\cdots,n$)的第 i 个次序统计量.

由定义可知,$X_{(1)} \leqslant X_{(2)} \leqslant \cdots \leqslant X_{(n)}$ 成立.

设总体 X 的分布函数为 $F(x)$,则统计量 $X_{(1)}$ 与 $X_{(n)}$ 的分布函数如下:

$$\begin{aligned} F_{X_{(1)}}(x) &= P(X_{(1)} \leqslant x) = 1 - P(X_{(1)} > x) \\ &= 1 - P(X_1 > x, X_2 > x, \cdots, X_n > x) \\ &= 1 - \prod_{i=1}^{n} P(X_i > x) = 1 - \prod_{i=1}^{n} [1 - P(X_i \leqslant x)] \\ &= 1 - [1 - F(x)]^n \end{aligned}$$

$$\begin{aligned} F_{X_{(n)}}(x) &= P(X_{(n)} \leqslant x) = P(X_1 \leqslant x, X_2 \leqslant x, \cdots, X_n \leqslant x) \\ &= \prod_{i=1}^{n} P(X_i \leqslant x) = [F(x)]^n. \end{aligned}$$

6.2.2 抽样分布

统计量是关于样本的函数,若总体的分布函数已知,则可以确定统计量的分布.统计量的分布被称为抽样分布.当总体 X 服从正态分布,几个常用统计量的分布比较重要,也就是下面要介绍的三大抽样分布.

定义 6.2.3 设 $X_1, X_2, \cdots, X_n$ 独立同分布于标准正态分布 $N(0,1)$,则统计量 $\chi^2 = X_1^2 + X_2^2 + \cdots + X_n^2$ 的分布称为自由度为 n 的 χ^2 分布,记为 $\chi^2(n)$.

定理 6.2.3 $\chi^2(n)$ 分布的概率密度函数为:

$$f(x) = \begin{cases} \dfrac{1}{2^{\frac{n}{2}} \Gamma\left(\dfrac{n}{2}\right)} x^{\frac{n}{2}-1} e^{-\frac{x}{2}}, & x > 0, \\ 0, & x \leqslant 0, \end{cases}$$

$\chi^2(n)$ 为取非负值的偏态分布,其密度函数图像形状随自由度 n 的变动而改变,如图 6.2.1 所示.

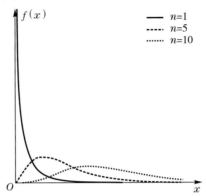

图 6.2.1 不同自由度下 $\chi^2(n)$ 分布的密度函数图形

定理 6.2.4(χ^2 分布的可加性) 设 $\chi_1^2 \sim \chi^2(n_1)$, $\chi_2^2 \sim \chi^2(n_2)$,且 χ_1^2 与 χ_2^2 相互独立,则 $\chi_1^2 + \chi_2^2 \sim \chi^2(n_1 + n_2)$.

定理 6.2.5 设 $X_1, \cdots, X_n$ 是来自正态总体 $N(\mu, \sigma^2)$ 的样本,$\bar{X}$ 与 S^2 分别为样本均值与样本方差,则有:

(1) $\bar{X} \sim N(\mu, \sigma^2)$;

(2) $\bar{X}$ 与 S^2 相互独立;

(3) $\dfrac{(n-1)S^2}{\sigma^2} \sim \chi^2(n-1)$.

证明略.

$\chi^2(n)$ **分布的分位数:**

对于给定的数 $\alpha \in (0,1)$,$f(x)$ 为 $\chi^2(n)$ 分布的密度函数,称满足 $P(\chi^2(n) > \chi_\alpha^2(n)) = \int_{\chi_\alpha^2(n)}^{+\infty} f(x) \mathrm{d}x = \alpha$ 的点 $\chi_\alpha^2(n)$ 分布的上 α 分位点,对于不同的 α 与 n,上 α 分位点可从 $\chi^2(n)$ 分布表查得. 例如,$\alpha = 0.05$ 与 $n = 5$,$\chi_{0.05}^2(5) = 11.071$.

例 6.2.2 设总体 $X \sim N(0, 4)$,$(X_1, X_2, \cdots, X_{25})$ 为总体 X 抽取的容量为 25 的样本,求 $P(\sum_{i=1}^{25} X_i^2 \leqslant 80)$.

第 6 章 数理统计基础

解 由 $X_i \sim N(0,4)(i=1,2,\cdots,25)$ 且相互独立,可知 $\dfrac{X_i}{2} \sim N(0,1)$ $(i=1,2,\cdots,25)$ 且相互独立,由定义 6.2.3 可得 $\sum\limits_{i=1}^{25}\left(\dfrac{X_i}{2}\right)^2 \sim \chi^2(25)$,则有

$$P\left(\sum_{i=1}^{25} X_i^2 \leqslant 80\right) = P\left(\sum_{i=1}^{25}\left(\dfrac{X_i}{2}\right)^2 \leqslant 20\right) = P(\chi^2(25) \leqslant 20) \approx 0.25.$$

> **定义 6.2.4** 设 $X \sim N(0,1), Y \sim \chi^2(n)$,且 X 与 Y 相互独立,则称随机变量 $T = \dfrac{X}{\sqrt{Y/n}}$ 为服从自由度为 n 的 t 分布,记为 $t(n)$.

理论推导可得,$t(n)$ 分布的概率密度函数为:

$$f(x) = \dfrac{\Gamma\left(\dfrac{n+1}{2}\right)}{\sqrt{\pi n}\,\Gamma\left(\dfrac{n}{2}\right)}\left(1 + \dfrac{x^2}{n}\right)^{-\frac{n+1}{2}}, \quad -\infty < x < +\infty.$$

由定义 6.2.4 可知,t 分布的密度函数是偶函数,图像关于纵轴对称,其密度函数图像形状随自由度 n 的变动而改变,如图 6.2.2 所示.

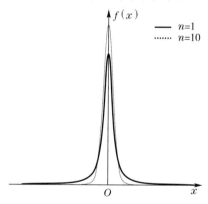

图 6.2.2 不同自由度下 $t(n)$ 分布的密度函数图形

> **定理 6.2.6** 设 $X_1,\cdots,X_n$ 是来自正态总体 $N(\mu,\sigma^2)$ 的样本,$\overline{X}$ 与 S^2 分别为样本均值与样本方差,则有:
>
> $$T = \dfrac{(\overline{X}-\mu)\sqrt{n}}{S} \sim t(n-1)$$

证明 由定理 6.2.5 可得：$\overline{X} \sim N\left(\mu, \dfrac{\sigma^2}{n}\right)$，则有 $\dfrac{\overline{X}-\mu}{\sigma/\sqrt{n}} \sim N(0,1)$；又 $\dfrac{(n-1)S^2}{\sigma^2} \sim \chi^2(n-1)$，且 $\overline{X}$ 与 S^2 相互独立，即 $\dfrac{\overline{X}-\mu}{\sigma/\sqrt{n}}$ 与 $\dfrac{(n-1)S^2}{\sigma^2}$ 相互独立；由定义 6.2.4，有

$$\dfrac{\overline{X}-\mu}{\sigma/\sqrt{n}} \Big/ \sqrt{\dfrac{(n-1)S^2}{\sigma^2}/(n-1)} = \dfrac{(\overline{X}-\mu)\sqrt{n}}{S} \sim t(n-1)$$

$t(n)$ 分布的分位数：

对于给定的数 $\alpha \in (0,1)$，称满足 $P(t(n) > t_\alpha(n)) = \displaystyle\int_{t_\alpha(n)}^{+\infty} f(x)\mathrm{d}x = \alpha$ 的点 $t_\alpha(n)$ 分布的上 α 分位点，其中 $f(x)$ 为 $t(n)$ 分布的密度函数，对于不同的 α 与 n，上 α 分位点可从 $t(n)$ 分布表查得．例如，$\alpha = 0.05$ 与 $n = 5$，$t_{0.05}(5) = 2.015$. 由于 $t(n)$ 分布的密度函数为偶函数，则有 $f(x) = f(-x)$，因此 $\displaystyle\int_{-t_\alpha(n)}^{+\infty} f(x)\mathrm{d}x = 1-\alpha$，所以又有 $t_{1-\alpha}(n) = -t_\alpha(n)$．

例 6.1.3 设总体 X 与 Y 均服从正态分布 $N(0,\sigma^2)$，$(X_1, X_2, \cdots, X_n)$ 与 $(Y_1, Y_2, \cdots, Y_n)$ 分别来自总体 X 与 Y 所抽取的样本，两个样本相互独立（X 与 Y 独立，样本内独立），证明：

$$T = \dfrac{X_1 + X_2 + \cdots + X_n}{\sqrt{Y_1^2 + Y_2^2 + \cdots + Y_n^2}} \sim t(n).$$

证明 由正态分布的可加性可知，

$$X_1 + X_2 + \cdots + X_n = \sum_{i=1}^n X_i \sim N(0, n\sigma^2), \quad \dfrac{\sum_{i=1}^n X_i}{\sqrt{n}\sigma} \sim N(0,1);$$

$\dfrac{Y_i}{\sigma} \sim N(0,1) (i = 1, 2, \cdots, n)$ 且相互独立，则有 $\displaystyle\sum_{i=1}^n \left(\dfrac{Y_i}{\sigma}\right)^2 \sim \chi^2(n)$；

由题设可知，$\dfrac{\sum_{i=1}^n X_i}{\sqrt{n}\sigma}$ 与 $\displaystyle\sum_{i=1}^n \left(\dfrac{Y_i}{\sigma}\right)^2$ 相互独立，由定义 6.2.4 可知，

$$\dfrac{\sum_{i=1}^n X_i / (\sqrt{n}\sigma)}{\sqrt{\sum_{i=1}^n \left(\dfrac{Y_i}{\sigma}\right)^2 / n}} = \dfrac{X_1 + X_2 + \cdots + X_n}{\sqrt{Y_1^2 + Y_2^2 + \cdots + Y_n^2}} = T \sim t(n).$$

第6章 数理统计基础

定义 6.2.5 设 $X \sim \chi^2(m)$, $Y \sim \chi^2(n)$, 且 X 与 Y 相互独立, 则称随机变量 $F = \dfrac{X/m}{Y/n}$ 为服从自由度为 (m,n) 的 F 分布, 记为 $F \sim F(m,n)$.

理论推导可得, $F(m,n)$ 分布的概率密度函数为:

$$f(x) = \begin{cases} \dfrac{\Gamma\left(\dfrac{m+n}{2}\right)\left(\dfrac{m}{n}\right)^{\frac{m}{2}} x^{\frac{m}{2}-1}}{\Gamma\left(\dfrac{m}{2}\right)\Gamma\left(\dfrac{n}{2}\right)\left(1+\dfrac{m}{n}x\right)^{\frac{m+n}{2}}}, & x > 0, \\ 0, & x \leqslant 0. \end{cases}$$

$F(m,n)$ 分布随机变量为取非负值的偏态分布, 其密度函数图像形状随自由度 m 与 n 的变动而改变, 如图 6.2.3 所示.

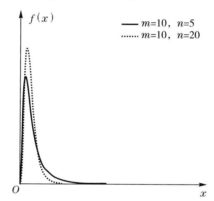

图 6.2.3 不同自由度下 $F(m,n)$ 分布的密度函数图形

由上述定义 6.2.5 可得, 若 $X \sim \chi^2(m)$, $Y \sim \chi^2(n)$, 且 X 与 Y 相互独立, $\dfrac{X/m}{Y/n} = F \sim F(m,n)$, 则有 $\dfrac{1}{F} = \dfrac{Y/n}{X/m} \sim F(n,m)$.

F 分布与 t 分布有如下关系: $F(1,n) = (t(n))^2$.

由定义 6.2.4 可知, 若 $X \sim N(0,1)$, $Y \sim \chi^2(n)$, X 与 Y 独立 (即 X^2 与 Y 独立), $t(n) = \dfrac{X/1}{\sqrt{Y/n}}$, 有 $X^2 \sim \chi^2(1)$, $(t(n))^2 = \dfrac{X^2/1}{Y/n} = F(1,n)$.

定理 6.2.7 设 $X_1, X_2, \cdots, X_m$ 是来自总体 $N(\mu_1, \sigma_1^2)$ 抽取的样本，$Y_1, Y_2, \cdots, Y_n$ 是来自总体 $N(\mu_2, \sigma_2^2)$ 抽取的样本，且这两个样本相互独立，样本均值与样本方差为：

$$\overline{X} = \frac{1}{m}\sum_{i=1}^{m}X_i, \quad \overline{Y} = \frac{1}{n}\sum_{i=1}^{n}Y_i,$$

$$S_X^2 = \frac{1}{m-1}\sum_{i=1}^{m}(X_i - \overline{X})^2, \quad S_Y^2 = \frac{1}{n-1}\sum_{i=1}^{n}(Y_i - \overline{Y})^2,$$

则有 $F = \dfrac{S_X^2/\sigma_1^2}{S_Y^2/\sigma_2^2} \sim F(m-1, n-1)$.

证明 由定理 6.2.7 条件可知，$\dfrac{(m-1)S_X^2}{\sigma_1^2}$ 与 $\dfrac{(n-1)S_Y^2}{\sigma_2^2}$ 相互独立；又可由定理 6.2.5 可知，有 $\dfrac{(m-1)S_X^2}{\sigma_1^2} \sim \chi^2(m-1)$ 与 $\dfrac{(n-1)S_Y^2}{\sigma_2^2} \sim \chi^2(n-1)$ 成立，因此由 F 分布的定义可得：

$$F = \frac{\dfrac{(m-1)S_X^2}{\sigma_1^2}/(m-1)}{\dfrac{(n-1)S_Y^2}{\sigma_2^2}/(n-1)} = \frac{S_X^2/\sigma_1^2}{S_Y^2/\sigma_2^2} \sim F(m-1, n-1).$$

例 6.2.4 设总体 X 服从正态分布 $N(0, \sigma^2)$，而 $X_1, X_2, \cdots, X_9$ 为总体 X 所抽取的样本，求样本量 $\dfrac{X_1^2 + X_2^2 + \cdots + X_6^2}{2(X_7^2 + X_8^2 + X_9^2)}$ 的分布.

解 $X_1, X_2, \cdots, X_9$ 相互独立，且 $X_i \sim N(0, \sigma^2)$ $(i = 1, 2, \cdots, 9)$，所以 $\dfrac{X_1^2 + X_2^2 + \cdots + X_6^2}{\sigma^2}$ 与 $\dfrac{X_7^2 + X_8^2 + X_9^2}{\sigma^2}$ 相互独立，且 $\dfrac{X_1^2 + X_2^2 + \cdots + X_6^2}{\sigma^2} \sim \chi^2(6)$ 与 $\dfrac{X_7^2 + X_8^2 + X_9^2}{\sigma^2} \sim \chi^2(3)$ 成立，故由定义 6.2.5 可知：

$$\frac{\dfrac{(X_1^2 + X_2^2 + \cdots + X_6^2)}{\sigma^2}/6}{\dfrac{(X_7^2 + X_8^2 + X_9^2)}{\sigma^2}/3} = \frac{X_1^2 + X_2^2 + \cdots + X_6^2}{2(X_7^2 + X_8^2 + X_9^2)} \sim F(6, 3).$$

定理 6.2.8 设 $X_1, X_2, \cdots, X_m$ 是来自总体 $N(\mu_1, \sigma_1^2)$ 抽取的样本，$Y_1, Y_2, \cdots, Y_n$ 是来自总体 $N(\mu_2, \sigma_2^2)$ 抽取的样本，且这两个样本相互独立，$\sigma_1^2 = \sigma_2^2 = \sigma^2$，则有：

$$T = \frac{(\overline{X} - \overline{Y}) - (\mu_1 - \mu_2)}{\sqrt{\dfrac{(m-1)S_X^2 + (n-1)S_Y^2}{m+n-2}} \sqrt{\dfrac{1}{m} + \dfrac{1}{n}}} \sim t(m+n-2).$$

证明 由正态分布可加性可知，

$$\sum_{i=1}^{m} X_i \sim N(m\mu_1, m\sigma^2) \text{ 与 } \sum_{i=1}^{n} Y_i \sim N(n\mu_2, n\sigma^2) \text{ 且相互独立成立，}$$

则有 $\dfrac{\sum_{i=1}^{m} X_i}{m} = \overline{X} \sim N\left(\mu_1, \dfrac{\sigma^2}{m}\right)$ 与 $\dfrac{\sum_{i=1}^{n} Y_i}{n} = \overline{Y} \sim N\left(\mu_2, \dfrac{\sigma^2}{n}\right)$ 且相互独立，

再由正态分布可加性，有

$$\overline{X} - \overline{Y} \sim N\left(\mu_1 - \mu_2, \dfrac{\sigma^2}{m} + \dfrac{\sigma^2}{n}\right), \quad \frac{(\overline{X} - \overline{Y}) - (\mu_1 - \mu_2)}{\sqrt{\dfrac{\sigma^2}{m} + \dfrac{\sigma^2}{n}}} \sim N(0, 1);$$

由定理 6.2.5 可知，$\dfrac{(m-1)S_X^2}{\sigma^2} \sim \chi^2(m-1)$ 与 $\dfrac{(n-1)S_Y^2}{\sigma^2} \sim \chi^2(n-1)$ 且相互独立成立，由卡方分布可加性，有

$$\frac{(m-1)S_X^2}{\sigma^2} + \frac{(n-1)S_Y^2}{\sigma^2} = \frac{(m-1)S_X^2 + (n-1)S_Y^2}{\sigma^2} \sim \chi^2(m+n-2) \text{ 成立，}$$

且与 $\dfrac{(\overline{X} - \overline{Y}) - (\mu_1 - \mu_2)}{\sqrt{\dfrac{\sigma^2}{m} + \dfrac{\sigma^2}{n}}}$ 独立；由定义 6.2.4 可知，

$$T = \frac{\left[(\overline{X} - \overline{Y}) - (\mu_1 - \mu_2)\right] / \sqrt{\dfrac{\sigma^2}{m} + \dfrac{\sigma^2}{n}}}{\sqrt{\dfrac{(m-1)S_X^2 + (n-1)S_Y^2}{\sigma^2(m+n-2)}}}$$

$$= \frac{(\overline{X} - \overline{Y}) - (\mu_1 - \mu_2)}{\sqrt{\dfrac{(m-1)S_X^2 + (n-1)S_Y^2}{m+n-2}} \sqrt{\dfrac{1}{m} + \dfrac{1}{n}}} \sim t(m+n-2).$$

§6.3 样本数据的描述性分析

6.3.1 经验分布函数

设 $X_1, X_2, \cdots, X_n$ 为从总体 X 中抽取的样本,总体 X 具有分布函数 $F(x)$;$x_1, x_2, \cdots, x_n$ 为样本观测值,将其从小到大排列,为 $x_{(1)}, x_{(2)}, \cdots, x_{(n)}$,定义如下函数:

$$F_n(x) = \begin{cases} 0, & x < x_{(1)}, \\ k/n, & x_{(k)} \leqslant x < x_{(k+1)}, k=1,2,\cdots,n-1, \\ 1, & x \geqslant x_{(n)}, \end{cases}$$

则 $F_n(x)$ 是一非减右连续函数,也是一个跳跃函数,且满足 $F_n(-\infty)=0$ 与 $F_n(+\infty)=1$. 由此可见,$F_n(x)$ 为一个分布函数,并称为经验分布函数.

例 6.3.1 某工厂生产瓶装饮用水,先从生产线上随机抽取 10 瓶饮用水,测得其净含量为(单位:ml)

500 500 502 503 498 501 500 502 495 508

求这批数据的经验分布函数.

解 这是一个容量为 10 的样本,经排序得到:

$x_{(1)} = 495, x_{(2)} = 498, x_{(3)} = x_{(4)} = x_{(5)} = 500, x_{(6)} = 501,$
$x_{(7)} = x_{(8)} = 502, x_{(9)} = 503, x_{(10)} = 508$

其经验分布函数为

$$F_n(x) = \begin{cases} 0, & x < 495, \\ 0.1, & 495 \leqslant x < 498, \\ 0.2, & 498 \leqslant x < 500, \\ 0.5, & 500 \leqslant x < 501, \\ 0.6, & 501 \leqslant x < 502, \\ 0.8, & 502 \leqslant x < 503, \\ 0.9, & 503 \leqslant x < 508, \\ 1, & x \geqslant 508. \end{cases}$$

当 n 固定时,$F_n(x)$ 是样本的函数,若对任意给定的实数 x,定义

$$I_i(x) = \begin{cases} 1, & x_i \leqslant x, \\ 0, & x_i > x, \end{cases}$$

则由经验分布函数的定义可以看出,对于任意给定的实数 x,$F_n(x) = \frac{1}{n}\sum_{i=1}^{n}I_i(x)$,注意到 $I_i(x)(i=1,2,\cdots,n)$ 是独立同分布的随机变量,其共同分布为 $B(1,F(x))$,有大数定律可得,当 n 足够大,$F_n(x)$ 依概率收敛于 $F(x)$.

6.3.2　频数频率分布表及五数总括

样本数据整理常用方法之一是频数分布表或频率分布表,其基本步骤给出如下.

(1)首先确定组数,进行样本分组;

(2)确定每组组距,组距 $d = \dfrac{\text{样本最大观测值} - \text{样本最小观测值}}{\text{组数}}$;

(3)确定每组组限,即给出区间左右端点;

(4)计算样本数据落入每个给定区间的个数,即为频数,可以列出频数分布表;也可以计算每个区间的频率,列出频率分布表.

例 6.3.2　为了研究某校学生身高,随机调查了 20 名学生的身高,数据如下(单位:cm)

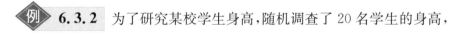

列出上述数据的频数频率分布表.

解　(1)只有 20 个数据,对于样本容量较小的情况,将其分为 5 组;

(2)根据组距计算公式,$d = (186-157)/5 = 5.8$,方便起见,取组距为 6;

(3)确定分组区间,最小区间左端点略小于最小观测值,最大区间右端点略大于最大观测值,确定分组区间为

$(156,162]$, $(162,168]$, $(168,174]$, $(174,180]$, $(180,186]$

(4)通常可用每组的组中值来代表该组取值,组中值 $= \dfrac{\text{组上限}+\text{组下限}}{2}$,给出频数频率分布表如下.

表 6.3.1　频数频率分布表

组序	分组区间	组中值	频数	频率	累积频率
1	(156,162]	159	4	0.2	0.2
2	(162,168]	165	5	0.25	0.45
3	(168,174]	171	4	0.2	0.65
4	(174,180]	177	5	0.25	0.9
5	(180,186]	183	2	0.1	1

6.3.3　样本数据的图形表示

通常还可用图形表示进行样本数据整理,并且更为直观. 直方图是频数分布最常用的图形表示方式,是在组距相等场合常用宽度相等的长条矩形表示,矩形的高低表示频数的大小;图形上横坐标表示变量的取值区间,纵坐标表示频数,这样就得到频数直方图,简称直方图.

 6.3.3　为了研究某校学生体重,随机调查了 15 名学生的体重,数据如下(单位:kg)

75　64　47　67　62　52　59　64　67　64　57　69　57　50　72

给出上述数据的频数直方图.

解　给出数据频数直方图如下:

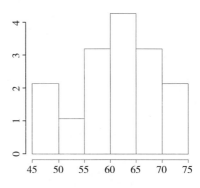

图 6.3.1　频数直方图

另一种常见的数据图形展示方式是茎叶图,把每一个数据分成两部分,前一部分(十位)称为茎,后一部分称为叶(个位),下面用例 6.3.3 数据进行说明.

$$
\begin{array}{c|l}
4 & 7 \\
5 & 02779 \\
6 & 2444779 \\
7 & 25
\end{array}
$$

图 6.3.2　茎叶图

相关阅读

侯振挺

　　1936 年 3 月出生于河南省新密,数学家,研究内容包括:马氏过程、马尔可夫骨架过程、运筹学、随机过程、马尔可夫决策过程、数理金融. 他在关于马尔可夫过程的研究成果被国际上命名为"侯氏定理科技顾问专家". 在概率论研究中,提出了有极高应用价值的"Q 过程唯一性准则"的一个"最小非负解法",震惊了国际数学界,被誉为"侯氏定理",并荣获 1978 年度英国"戴维逊奖"成为世界数学界瞩目的人物. 近年又研究马尔可夫决策过程,同时提出了一类新的随机过程的概念——马氏骨架过程并加以研究,取得了国际领先水平的成果. 随后又将马尔可夫骨架过程理论应用于排队论的研究,解决了排队论几十年来悬而未决的 GI/G/N 排队系统和更为复杂尚无人涉及的排队网络的队长瞬时分布问题等著名难题.

复习题 6

6.1　设随机变量 $X \sim t(n)(n > 1)$,$Y \sim X^2$,则(　　)

　　A. $Y \sim \chi^2(n)$　　B. $Y \sim \chi^2(n-1)$　　C. $Y \sim F(n,1)$　　D. $Y \sim F(1,n)$

6.2　设 $X_1,\cdots,X_n$ 是取自正态总体 $N(0,\sigma^2)$ 的简单随机样本,$\overline{X}$ 与 S^2 分别为样本均值与样本方差,则(　　)

A. $\dfrac{\overline{X}^2}{\sigma^2} \sim \chi^2(1)$ 　　　　B. $\dfrac{S^2}{\sigma^2} \sim \chi^2(n-1)$

C. $\dfrac{\overline{X}}{S} \sim t(n-1)$ 　　　　D. $\dfrac{S^2}{n\overline{X}^2} \sim F(n-1,1)$

6.3 设随机变量 X 与 Y 均服从 $N(0,1)$ 分布,则下列结论正确的是(　　)

A. $X+Y$ 服从正态分布 　　　　B. X^2+Y^2 服从 χ^2 分布

C. X^2 和 Y^2 都服从 χ^2 分布 　　　　D. X^2/Y^2 服从 F 分布

6.4 设 $X_1,\cdots,X_n$ 是取自正态总体 $N(0,\sigma^2)$ 的简单随机样本,$\overline{X}$ 与 S^2 分别为样本均值与样本方差,则下列选项服从 $\chi^2(n)$ 分布的是(　　)

A. $\dfrac{\overline{X}^2+(n-1)S^2}{\sigma^2}$ 　　　　B. $\dfrac{n\overline{X}^2+(n-1)S^2}{\sigma^2}$

C. $\dfrac{(\overline{X}-\mu)^2+(n-1)S^2}{\sigma^2}$ 　　　　D. $\dfrac{n(\overline{X}-\mu)^2+(n-1)S^2}{\sigma^2}$

6.5 设 X_1,X_2 是来自 $N(0,\sigma^2)$ 的样本,试求 $Y=\left(\dfrac{X_1+X_2}{X_1-X_2}\right)^2$ 的分布.

6.6 设 $X_1,X_2,\cdots,X_{n+1}$ 是来自总体 $N(\mu,\sigma^2)$ 的样本,记

$$\overline{X}_n = \frac{1}{n}\sum_{i=1}^{n} X_i, \quad S_n^2 = \frac{1}{n-1}\sum_{i=1}^{n}(X_i-\overline{X}_n)^2,$$

试求 $T = \dfrac{X_{n+1}-\overline{X}_n}{S_n}\sqrt{\dfrac{n}{n+1}}$ 的分布.

6.7 设 $X_1,X_2,\cdots,X_n$ 是来自总体 $N(\mu_1,\sigma^2)$ 的样本,$Y_1,Y_2,\cdots,Y_m$ 是来自总体 $N(\mu_2,\sigma^2)$,且两个样本相互独立,$\overline{X}$ 与 $\overline{Y}$ 分别是两个样本的样本均值,$S^2 = \dfrac{1}{n-1}\sum_{i=1}^{n}(X_i-\overline{X})^2$,试求 $T = \dfrac{\overline{X}-\overline{Y}-(\mu_1-\mu_2)}{S\sqrt{\dfrac{1}{m}+\dfrac{1}{n}}}$ 的分布.

6.8 已知总体 X 的数学期望 $E(X)=\mu$,方差 $D(X)=\sigma^2$,$X_1,X_2,\cdots,X_{2n}$ 是来自总体 X 容量为 $2n$ 的简单随机样本,样本均值为 $\overline{X}$,统计量 $Y = \sum_{i=1}^{n}(X_i+X_{n+i}-\overline{X})^2$,求 $E(Y)$.

6.9 已知 $X_1,\cdots,X_n$ 是来自总体 X 容量为 n 的简单随机样本,$\overline{X}$ 与 S^2 分别为样本均值与样本方差.

(1) 若 $E(X)=\mu$,$D(X)=\sigma^2$,证明:$X_i-\overline{X}$ 与 $X_j-\overline{X}(i\neq j)$ 的相关系数 $\rho = -\dfrac{1}{n-1}$;

(2) 若总体 $X \sim N(0,\sigma^2)$,证明:协方差 $\text{cov}(X_1,S^2)=0$.

6.10 某医院对 20 名病人测定血清蛋白含量(g/L),数据如下
74 79 69 78 81 69 71 74 80 76 79 75
72 74 65 68 80 75 72 73

(1)求经验分布函数;
(2)绘制频数直方图;
(3)绘制茎叶图.

扫一扫,获取参考答案

第 7 章 参数估计

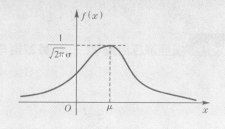

【学习目标】

1. 理解点估计和区间估计的概念；
2. 熟练掌握矩估计法和极大似然估计法；
3. 了解评价估计量的无偏性、有效性、一致性标准，掌握无偏性判断方法；
4. 掌握单正态总体均值与方差的双侧置信区间的求法，两个正态总体的均值差与方差比的双侧置信区间的求法.

我们已经知道数理统计的基本问题是如何根据样本所提供的信息对总体的分布以及分布的某些数字特征进行统计推断. 在实际问题中，常常会遇到所研究的总体可以根据经验或适当的统计方法判断它的分布类型，但分布中含有未知参数，需要通过样本来估计这些未知参数. 例如，由经验已知在单位时间内进入超市购物的顾客人数常服从泊松分布 $P(\lambda)$，但 λ 并不知道，这时我们希望对于未知参数 λ 进行估计，只要估计出了 λ，就可以由分布推断出其他的重要信息，这就是参数估计问题.

本章主要讨论参数估计问题. 简单来说，参数估计就是利用样本来估计总体分布中的未知参数，其内容包括点估计和区间估计、估计的两类主要方法（矩估计和极大似然估计）、评价估计量好坏的标准. 本章最后重点讨论正态总体的参数估计问题.

§7.1 点估计

7.1.1 点估计的概念

在参数估计问题中,通常总是假设总体 X 具有特定的分布 $F=F(x;\theta)$,其中,$\theta=(\theta_1,\theta_2,\cdots,\theta_k)$ 为未知参数,而 F 的函数类型是已知的,未知参数 $\theta=(\theta_1,\theta_2,\cdots,\theta_k)$ 的全部容许值构成的集合称为参数空间,记作 Θ. 点估计问题就是要根据来自总体 X 的样本 $X_1,X_2,\cdots,X_n$ 去估计未知参数 $\theta=(\theta_1,\theta_2,\cdots,\theta_k)$. 点估计的两种常用方法为:矩估计法和极大似然估计法.

7.1.2 矩估计法

矩估计法由于简单、直观、易于操作而成为最早被采用的估计方法. 由前面的章节已经知道,矩是描述随机变量的最简单的数字特征,由于样本来自于总体,所以样本矩在一定程度上反映了总体矩的特征,因而自然想到用样本矩来估计与之对应的总体矩.

设总体 X 的分布函数 $F=F(x;\theta_1,\theta_2,\cdots,\theta_k)$ 中含有 k 个未知参数 $\theta_1,\theta_2,\cdots,\theta_k$,并设总体 X 的 k 阶矩存在:$E(X^i)=\alpha_i$,$i=1,2,\cdots,k$,显然 $E(X^i)=\alpha_i$ 为 θ 的函数,记作 $\alpha_i=E(X^i)=\alpha_i(\theta_1,\theta_2,\cdots,\theta_k)$,$i=1,2,\cdots,k$.

矩估计的具体方法:以样本矩作为相应的总体矩的估计,即:

$$\begin{cases} \alpha_1(\theta_1,\theta_2,\cdots,\theta_k)=\dfrac{1}{n}\sum_{i=1}^{n}X_i \\ \alpha_2(\theta_1,\theta_2,\cdots,\theta_k)=\dfrac{1}{n}\sum_{i=1}^{n}X_i^2 \\ \cdots \\ \alpha_k(\theta_1,\theta_2,\cdots,\theta_k)=\dfrac{1}{n}\sum_{i=1}^{n}X_i^k \end{cases}$$

上述方程组的解 $\hat{\theta}_i=\hat{\theta}_i(X_1,X_2,\cdots,X_n)(i=1,2,\cdots,k)$ 即为参数 $\theta_i(i=1,2,\cdots,k)$ 的矩估计.

第 7 章 参数估计

 7.1.1 在某公路上,观测每 15s 路过的汽车辆数,得到数据如下:

每 15s 内路过的汽车辆数	0	1	2	3	4	$\geqslant 5$
频数	92	69	27	11	1	0

假设每 15s 路过的汽车辆数 X 服从泊松分布 $P(\lambda)$. 试求 λ 的矩估计.

解 由于 $X \sim P(\lambda)$,则 $\alpha_1 = E(X) = \lambda$,由矩估计法得方程:

$$\lambda = \frac{1}{n}\sum_{i=1}^{n} X_i$$

解得, $\hat{\lambda} = \frac{1}{n}\sum_{i=1}^{n} X_i = \overline{X}$,于是 λ 的矩估计值为

$$\hat{\lambda} = \frac{1}{200}(0\times 92 + 1\times 69 + 2\times 27 + 3\times 11 + 4\times 1) = 0.8$$

故每 15s 内路过的汽车辆数估计为 0.8.

例 7.1.2 设总体 X 的概率密度为 $f(x,\theta) = \begin{cases} \theta x^{\theta-1}, & 0<x<1, \\ 0, & \text{其他}, \end{cases}$
其中 θ 为未知参数,且 $\theta > 0$,试求 θ 的矩估计.

解 由于 $\alpha_1 = E(X) = \int_{-\infty}^{+\infty} xf(x)\mathrm{d}x = \frac{\theta}{\theta+1}$,由矩估计得方程:

$$\frac{\theta}{\theta+1} = \frac{1}{n}\sum_{i=1}^{n} X_i = \overline{X}$$

解得, $\hat{\theta} = \frac{\overline{X}}{1-\overline{X}}$ 即为 θ 的矩估计.

例 7.1.3 一类电子产品的寿命 ξ 可用两参数指数分布来描述,其概率密度函数为 $f(x) = \begin{cases} \lambda\,\mathrm{e}^{-\lambda(x-\mu)}, & x\geqslant \mu, \\ 0, & x<\mu, \end{cases}$ $\lambda>0, \mu>0$ 为未知参数,求参数 λ, μ 的矩估计.

解 由于总体中包含两个未知参数,因此应考虑一、二阶原点矩.

$$\alpha_1 = E(X) = \int_{-\infty}^{+\infty} xf(x)\mathrm{d}x = \int_{\mu}^{+\infty} x\lambda\,\mathrm{e}^{-\lambda(x-\mu)}\mathrm{d}x = \mu + \frac{1}{\lambda}$$

$$\alpha_2 = E(X^2) = \int_{-\infty}^{+\infty} x^2 f(x)\mathrm{d}x = \int_{\mu}^{+\infty} x^2\lambda\,\mathrm{e}^{-\lambda(x-\mu)}\mathrm{d}x = \left(\mu+\frac{1}{\lambda}\right)^2 + \frac{1}{\lambda^2}$$

于是构造方程组,即

$$\begin{cases} \mu + \dfrac{1}{\lambda} = \dfrac{1}{n}\sum_{i=1}^{n} X_i = \overline{X}, \\ \left(\mu + \dfrac{1}{\lambda}\right)^2 + \dfrac{1}{\lambda^2} = \dfrac{1}{n}\sum_{i=1}^{n} X_i^2. \end{cases}$$

解上述方程组,可得参数 λ,μ 的矩估计:

$$\begin{cases} \hat{\lambda} = \dfrac{1}{\sqrt{\dfrac{1}{n}\sum (X_i - \overline{X})^2}}, \\ \hat{\mu} = \overline{X} - \sqrt{\dfrac{1}{n}\sum (X_i - \overline{X})^2}. \end{cases}$$

7.1.3 极大似然估计法

极大似然估计是点估计的另一种常用方法. 与矩估计法一样,设总体 X 的概率分布类型已知,而其中含有未知参数,直观的想法是:小概率事件在一次试验中一般不会发生,而大概率事件在试验中常常会发生;反之,若在一次试验中,随机事件"$X = x$"发生了,则对于离散型随机变量 X 而言,我们往往认为"$X = x$"的概率应较大,而对于连续型随机变量 X,我们往往认为 X 落在 x 附近的概率较大.

例如,甲和乙两人进行射击,甲是国家射击队选手,乙是足球运动员,两人同时射击同一目标,枪响过后,发现只有一枪命中目标,猜测这一枪是谁打中的.

人们自然会估计这是命中率高的选手打中的,即估计由甲打中是合理的.

下面我们分别以离散型和连续型两种情形进行讨论.

若总体 X 属离散型,其概率分布为 $P(X = x) = f(x,\theta)$,其中 θ 为未知参数,$X_1, X_2, \cdots, X_n$ 是总体 X 的一个样本,样本观察值为 $x_1, x_2, \cdots, x_n$,则样本的联合分布律为

$$P(X_1 = x_1, X_2 = x_2, \cdots, X_n = x_n) = \prod_{i=1}^{n} f(x_i, \theta)$$

对确定的样本观测值 $x_1, x_2, \cdots, x_n$,它为未知参数 θ 的函数,记为

$$L(\theta) = L(x_1, x_2, \cdots, x_n; \theta) = \prod_{i=1}^{n} f(x_i, \theta) \qquad (7.1.1)$$

这个函数称为样本的似然函数.

第 7 章　参数估计

按照极大似然原理,似然函数 $L(\theta)$ 的值的大小意味着该样本出现的可能性大小,在已得到样本值 $x_1,x_2,\cdots,x_n$ 的情况下,则应选择使 $L(\theta)$ 达到最大值的那个 θ 作为 θ 的估计 $\hat{\theta}$,即

$$L(x_1,x_2,\cdots,x_n;\hat{\theta})=\max_{\theta}L(x_1,x_2,\cdots,x_n;\theta)$$

这样得到的 $\hat{\theta}$ 与样本值 $x_1,x_2,\cdots,x_n$ 有关,记为 $\hat{\theta}(x_1,x_2,\cdots,x_n)$. 这种求点估计的方法称为极大似然估计法,利用极大似然估计法求出的参数估计值称为极大似然估计值.

从以上的讨论可知,求未知参数 θ 的极大似然估计值的问题就是求似然函数 $L(\theta)$ 的最大值点的问题,当似然函数 $L(\theta)$ 可导时,要使 $L(\theta)$ 取得最大值,θ 必须满足

$$\frac{\mathrm{d}L(\theta)}{\mathrm{d}\theta}=0 \qquad (7.1.2)$$

因为 $\ln L(\theta)$ 与 $L(\theta)$ 在同一 θ 处取得最大值,因此可将式(7.1.2)换成

$$\frac{\mathrm{d}\ln L(\theta)}{\mathrm{d}\theta}=0 \qquad (7.1.3)$$

由方程(7.1.3)求得的 $\hat{\theta}$ 就是参数 θ 的极大似然估计值. 一般由方程(7.1.3)求解比较方便,该方程称为对数似然方程.

例 7.1.4　设总体 X 服从参数为 $\lambda(\lambda>0)$ 的泊松分布,$x_1,x_2,\cdots,x_n$ 是总体 X 的样本观察值,求参数 λ 的极大似然估计值.

解　X 的概率分布律为

$$P\{X=x\}=\frac{\lambda^x \mathrm{e}^{-\lambda}}{x!},x=0,1,2,\cdots$$

则似然函数为

$$L(\lambda)=\prod_{i=1}^{n}P(X=x_i)=\prod_{i=1}^{n}\frac{\lambda^{x_i}\mathrm{e}^{-\lambda}}{x_i!}=\mathrm{e}^{-n\lambda}\lambda^{\sum x_i}\left(\prod_{i=1}^{n}x_i!\right)^{-1}$$

取对数得

$$\ln L(\lambda)=-n\lambda+\left(\sum_{i=1}^{n}x_i\right)\ln\lambda-\ln\left(\sum_{i=1}^{n}x_i!\right)$$

由式(7.1.3)得

$$\frac{\mathrm{d}\ln L(\lambda)}{\mathrm{d}\lambda}=-n+\frac{1}{\lambda}\sum_{i=1}^{n}x_i=0,$$

解得 λ 的极大似然估计值为 $\hat{\lambda}=\dfrac{1}{n}\sum_{i=1}^{n}x_i=\bar{x}$.

对于连续型总体,设总体 X 是连续型随机变量,其概率密度为 $f(x,\theta)$,其中 θ 为未知参数,设 $X_1, X_2, \cdots, X_n$ 是总体 X 的一个样本,样本观测值为 $x_1, x_2, \cdots, x_n$,则样本 X_i 落在点 x_i 的邻域(设其长度为 Δx_i)内的概率近似等于 $f(x_i,\theta)\Delta x_i, i=1,2,\cdots,n$. 因为这 n 个随机事件相互独立,所以它们的交的概率近似等于 $\prod_{i=1}^{n} f(x_i,\theta)\Delta x_i$,其值随 θ 的取值而变化,但由于 Δx_i 与 θ 无关,所以定义似然函数为

$$L(\theta) = L(x_1, x_2, \cdots, x_n; \theta) = \prod_{i=1}^{n} f(x_i, \theta) \tag{7.1.4}$$

然后再按照上边离散型的方法求参数 θ 的极大似然估计值.

 7.1.5 设总体 X 服从参数为 $\lambda(\lambda > 0)$ 的指数分布,概率密度为

$$f(x) = \begin{cases} \lambda e^{-\lambda x}, & x > 0 \\ 0, & \text{其他} \end{cases}$$

$x_1, x_2, \cdots, x_n$ 是来自总体 X 的样本观察值,求参数 λ 的极大似然估计值.

解 似然函数为

$$L(\lambda) = \prod_{i=1}^{n} f(x_i, \lambda) = \prod_{i=1}^{n} \lambda e^{-\lambda x_i} = \lambda^n e^{-\lambda \sum_{i=1}^{n} x_i}, \quad x_i > 0$$

取对数得

$$\ln L(\lambda) = n \ln \lambda - \lambda \left(\sum_{i=1}^{n} x_i \right)$$

由 $\dfrac{d \ln L(\lambda)}{d \lambda} = \dfrac{n}{\lambda} - \sum x_i = 0$,解得参数 λ 的极大似然估计值为

$$\hat{\lambda} = \frac{n}{\sum_{i=1}^{n} x_i} = \frac{1}{\bar{x}}$$

通过上述几个例题,不难归纳出求解极大似然估计的一般步骤如下:

步骤 1 写出似然函数 $L(\theta)$. 若为离散型总体,似然函数 $L(\theta)$ 就是样本的联合分布律;若为连续型总体,似然函数 $L(\theta)$ 就是样本的联合密度函数.

步骤 2 将似然函数取对数,求得对数似然函数 $\ln L(\theta)$.

步骤 3 $\ln L(\theta)$ 关于 θ 求导,并令其为零,得对数似然方程.

步骤 4 解上述似然方程,求得 θ 的极大似然估计 $\hat{\theta}$.

§7.2 估计量的评选标准

对于总体 X 的未知参数,可以用不同的估计方法,原则上任何统计量都可作为参数的估计量,但是哪一个估计量好呢?这就涉及用什么样的标准来评价估计量的好坏问题,下面介绍几种常用的评价标准.

7.2.1 无偏性

定义 7.2.1 设未知参数 θ 的估计量为 $\hat{\theta}$,如果 $E(\hat{\theta}) = \theta$,则称 $\hat{\theta}$ 是 θ 的无偏估计,否则称 $\hat{\theta}$ 是 θ 的有偏估计. 在有偏和有偏之间,无偏估计是更优的估计.

若 $\hat{\theta}$ 是 θ 的无偏估计,则 $E(\hat{\theta} - \theta) = E(\hat{\theta}) - E(\theta) = 0$,因此,当一个无偏估计量多次重复使用时,其估计量 $\hat{\theta}$ 在未知参数 θ 附近波动. 这样,无偏估计保证了没有系统误差,在实际应用中是合理的.

例 7.2.1 已知某总体 X 的数学期望 $E(X) = \mu$,方差 $D(X) = \sigma^2$,$X_1, X_2, \cdots, X_n$ 是来自总体的一组简单随机样本,证明:

(1) 样本均值 $\overline{X} = \dfrac{1}{n} \sum\limits_{i=1}^{n} X_i$ 是总体均值 μ 的无偏估计;

(2) 样本方差 $S^2 = \dfrac{1}{n-1} \sum\limits_{i=1}^{n} (X_i - \overline{X})^2$ 是总体方差 σ^2 的无偏估计.

证明 因为 $X_1, X_2, \cdots, X_n$ 是来自总体的一组简单随机样本,所以 $X_1, X_2, \cdots, X_n$ 相互独立,并且都与总体服从相同的分布,从而可得

$$E(X_i) = \mu, D(X_i) = \sigma^2, i = 1, 2, \cdots, n$$

(1) 因为

$$E(\overline{X}) = E\left(\frac{1}{n} \sum_{i=1}^{n} X_i\right) = \frac{1}{n} \sum_{i=1}^{n} E(X_i) = \frac{1}{n} \sum_{i=1}^{n} E(X) = \mu$$

所以样本均值 $\overline{X} = \dfrac{1}{n} \sum\limits_{i=1}^{n} X_i$ 是总体均值 μ 的无偏估计.

(2) 因为

$$E(S^2) = E\left(\frac{1}{n-1} \sum_{i=1}^{n} (X_i - \overline{X})^2\right) = \frac{1}{n-1} E\left(\sum_{i=1}^{n} X_i^2 - n\overline{X}^2\right)$$

$$= \frac{1}{n-1} \left(\sum_{i=1}^{n} E(X_i^2) - n E(\overline{X}^2)\right)$$

而
$$E(X_i^2) = E(X_i)^2 + D(X_i) = \mu^2 + \sigma^2,$$
$$E(\overline{X}^2) = [E(\overline{X})]^2 + D(\overline{X}) = \mu^2 + \frac{\sigma^2}{n}.$$

从而得
$$E(S^2) = \frac{1}{n-1}\Big[\sum_{i=1}^{n}(\mu^2+\sigma^2) - n\Big(\mu^2+\frac{\sigma^2}{n}\Big)\Big] = \sigma^2$$

所以,样本方差 $S^2 = \dfrac{1}{n-1}\sum\limits_{i=1}^{n}(X_i - \overline{X})^2$ 是总体方差 σ^2 的无偏估计.

7.2.2 有效性

定义 7.2.2 设 $\hat{\theta}_1$ 及 $\hat{\theta}_2$ 都是 θ 的无偏估计,如果 $D(\hat{\theta}_1) \leqslant D(\hat{\theta}_2)$,则称 $\hat{\theta}_1$ 比 $\hat{\theta}_2$ 有效.

7.2.3 一致性

定义 7.2.3 设 $\hat{\theta}$ 是 θ 的估计量,如果对于任意 $\varepsilon > 0$,都有
$$\lim_{n \to \infty} P(|\hat{\theta}(X_1, X_2, \cdots, X_n) - \theta| < \varepsilon) = 1$$
则称 $\hat{\theta}$ 是 θ 的一致估计,也称为相合估计.

也就是说,如果当样本容量无限增加时,估计量依概率收敛于被估计的参数,则称该估计量是一致估计.

§7.3 正态总体参数的区间估计

参数的点估计给出了一个具体的数值,便于计算和使用,但是估计值与真实值之间有一定的偏差,即使我们的点估计满足无偏性、一致性和有效性等性质,这种偏差还是存在的,而且其大小(又称精度)无法度量. 而且,在许多实际问题中,我们不仅需要知道参数的近似值,而且还需要大致估计这个近似值的精确性与可靠性,即以一定的伴随概率给出参数的一个估计区间,这便是区间估计的概念.

7.3.1 区间估计的定义

定义 7.3.1 设总体 X 的分布中含有未知参数 θ，对于给定的概率 $1-\alpha(0<\alpha<1)$ 存在两个统计量 $\hat{\theta}_1(X_1,X_2,\cdots,X_n)$ 和 $\hat{\theta}_2(X_1,X_2,\cdots,X_n)$，使得
$$P(\hat{\theta}_1<\theta<\hat{\theta}_2)=1-\alpha \qquad (7.3.1)$$
则随机区间 $(\hat{\theta}_1,\hat{\theta}_2)$ 称为参数 θ 的置信度为 $1-\alpha$ 的置信区间，$\hat{\theta}_1$ 和 $\hat{\theta}_2$ 分别称为置信下限和置信上限．

式(7.3.1)的意义可以解释如下：若进行 N 次抽样（每次得到的样本容量相等，都为 n），每个样本确定一个区间 $(\hat{\theta}_1(x_1,x_2,\cdots,x_n),\hat{\theta}_2(x_1,x_2,\cdots,x_n))$，在 N 个区间中，有的包含参数 θ 的真实值，有的不包含在这 N 个区间中，包含 θ 的真实值的约占 $100(1-\alpha)\%$，不包含 θ 的真实值的约占 $100\alpha\%$．例如，若 $\alpha=0.05$，反复抽样 1000 次，得到的 1000 个区间中，不包含 θ 的真实值的仅有 50 个．

7.3.2 单个正态分布总体均值的区间估计

1. 方差已知

设总体 $X\sim N(\mu,\sigma^2)$，已知 $\sigma=\sigma_0$，求未知参数 μ 的置信区间．

选用样本函数 $U=\dfrac{\overline{X}-\mu}{\dfrac{\sigma_0}{\sqrt{n}}}\sim N(0,1)$，设 $P(U>\mu_\alpha)=\alpha$，则

$P(-\mu_{\frac{\alpha}{2}}<U<\mu_{\frac{\alpha}{2}})=1-\alpha$，所以，未知参数 μ 的置信区间为

$$\left(\overline{X}-\frac{\sigma_0}{\sqrt{n}}\mu_{\frac{\alpha}{2}},\overline{X}+\frac{\sigma_0}{\sqrt{n}}\mu_{\frac{\alpha}{2}}\right) \qquad (7.3.2)$$

例 7.3.1 有一批洗衣粉，现在从中随机抽取 16 袋，称得其重量（单位：g）如下：

506	508	499	503	504	510	497	512
514	505	493	496	506	502	509	496

假设每袋洗衣粉的重量服从正态分布 $N(\mu,\sigma^2)$，且已知 $\sigma = \sigma_0 = 6(g)$，求总体均值 μ 的置信度为 0.95 的置信区间.

解 经计算，我们有 $\bar{x} \approx 503.75$，置信度 $1-\alpha = 0.95$，则 $\alpha = 0.05$，经查表 $\mu_{\frac{\alpha}{2}} = \mu_{0.025} = 1.96$，由式(7.3.2)可得总体均值 μ 的置信度为 0.95 的置信区间为 $(503.75 - \frac{6}{\sqrt{16}} \times 1.96, 503.75 + \frac{6}{\sqrt{16}} \times 1.96)$，即$(500.81, 506.69)$.

2. 方差未知

设总体 $X \sim N(\mu,\sigma^2)$，未知 σ，求未知参数 μ 的置信区间.

选用样本函数 $T = \dfrac{\bar{X} - \mu}{\dfrac{S}{\sqrt{n}}} \sim t(n-1)$，

设 $P(T > t_\alpha) = \alpha$，则 $P(-t_{\frac{\alpha}{2}}(n-1) < T < t_{\frac{\alpha}{2}}(n-1)) = 1 - \alpha$.

所以，未知参数 μ 的置信区间为

$$\left(\bar{X} - \frac{S}{\sqrt{n}} t_{\frac{\alpha}{2}}(n-1), \bar{X} + \frac{S}{\sqrt{n}} t_{\frac{\alpha}{2}}(n-1)\right). \tag{7.3.3}$$

例 7.3.2 在例 7.3.1 中，设未知 σ，求总体均值 μ 的置信度为 0.95 的置信区间.

解 已知 $\bar{x} \approx 503.75, S = 6.2$，置信度 $1-\alpha = 0.95$，则 $\alpha = 0.05$，经查表 $t_{\frac{\alpha}{2}}(n-1) = t_{0.025}(15) = 2.1315$，由式(7.3.3)可得总体均值 μ 的置信度为 0.95 的置信区间为 $(503.75 - \frac{6.2}{\sqrt{16}} \times 2.1315, 503.75 + \frac{6.2}{\sqrt{16}} \times 2.1315)$，即$(500.45, 507.05)$.

7.3.3 单个正态分布总体方差的区间估计

1. 期望已知

设总体 $X \sim N(\mu,\sigma^2)$，已知 $\mu = \mu_0$，求未知参数 σ^2 的置信区间.

选用样本函数 $\chi^2 = \dfrac{1}{\sigma^2} \sum_{i=1}^{n}(X_i - \mu_0)^2 \sim \chi^2(n)$

设 $P(\chi^2 \geqslant \chi^2_{1-\frac{\alpha}{2}}(n)) = 1 - \dfrac{\alpha}{2}, P(\chi^2 \geqslant \chi^2_{\frac{\alpha}{2}}(n)) = \dfrac{\alpha}{2}$，

则 $P(\chi^2_{1-\frac{\alpha}{2}}(n) < \chi^2 < \chi^2_{\frac{\alpha}{2}}(n)) = 1 - \alpha$

第7章 参数估计

所以,总体方差 σ^2 的置信度 $1-\alpha$ 为置信区间为

$$\left(\frac{\sum(X_i-\mu_0)^2}{\chi^2_{\frac{\alpha}{2}}(n)},\frac{\sum(X_i-\mu_0)^2}{\chi^2_{1-\frac{\alpha}{2}}(n)}\right). \tag{7.3.4}$$

2. 期望未知

设总体 $X \sim N(\mu,\sigma^2)$,未知 μ,求未知参数 σ^2 的置信区间.

选用样本函数 $\chi^2 = \frac{(n-1)S^2}{\sigma^2} \sim \chi^2(n-1)$

对于给定的置信度 $1-\alpha$,有

则 $P\left(\chi^2_{1-\frac{\alpha}{2}}(n-1) < \frac{(n-1)S^2}{\sigma^2} < \chi^2_{\frac{\alpha}{2}}(n-1)\right) = 1-\alpha$

所以,总体方差 σ^2 的置信度 $1-\alpha$ 为置信区间为

$$\left(\frac{(n-1)S^2}{\chi^2_{\frac{\alpha}{2}}(n-1)},\frac{(n-1)S^2}{\chi^2_{1-\frac{\alpha}{2}}(n-1)}\right) \tag{7.3.5}$$

 7.3.3 在例 7.3.1 中,求洗衣粉重量的方差 σ^2 的置信度为 0.95 的置信区间,如果:

(1)已知洗衣粉重量的均值 $\mu = 500(\text{g})$;

(2)未知 μ.

解 (1)已知 $\mu = 500$,通过计算可得 $\sum\limits_{i=1}^{16}(x_i-500)^2 = 816$,

已知置信度 $1-\alpha = 0.95$,则 $\alpha = 0.05$,自由度为 16,查 χ^2 分布的数值表可得 $\chi^2_{0.975}(16) = 6.91, \chi^2_{0.025}(16) = 28.8$.

按式(7.3.4)可得方差 σ^2 的置信区间为 $\left(\frac{816}{28.8},\frac{816}{6.91}\right)$,即 $(28.3,118.1)$.

(2)未知 μ,通过计算可得 $S^2 = 38.45$.

已知置信度 $1-\alpha = 0.95$,则 $\alpha = 0.05$,自由度为 15,查 χ^2 分布的数值表可得 $\chi^2_{0.975}(15) = 6.26, \chi^2_{0.025}(15) = 27.5$.

按式(7.3.5)可得方差 σ^2 的置信区间为 $\left(\frac{15\times 38.45}{27.5},\frac{15\times 38.45}{6.26}\right)$,即 $(20.97,92.13)$.

7.3.4 两个正态总体的区间估计

上面讨论的都是单个正态总体参数的区间估计,而在实际问题中,我们经常会遇到比较两组样本是否有差别的情况,若有差别的话,这种差别有多大,这就需要我们考虑两个正态总体均值差或方差比的估计问题.

设总体 $X \sim N(\mu_1, \sigma_1^2)$,从中抽取容量为 n_1 的样本 $(X_1, X_2, \cdots, X_{n_1})$,其观测值为 $(x_1, x_2, \cdots, x_{n_1})$;其样本方差用 $S_1^2 = \dfrac{1}{n_1-1} \sum\limits_{i=1}^{n_1}(X_i - \overline{X})^2$ 来表示.

又设总体 $Y \sim N(\mu_2, \sigma_2^2)$,从中抽取容量为 n_2 的样本 $(Y_1, Y_2, \cdots, Y_{n_2})$,其观测值为 $(y_1, y_2, \cdots, y_{n_2})$;其样本方差用 $S_2^2 = \dfrac{1}{n_2-1} \sum\limits_{i=1}^{n_2}(Y_i - \overline{Y})^2$ 来表示.

下面我们来求两个总体的均值差 $\mu_1 - \mu_2$ 及方差比 $\dfrac{\sigma_1^2}{\sigma_2^2}$ 的置信度 $1-\alpha$ 的置信区间.

1. 均值差的区间估计

(1) 设总体 $X \sim N(\mu_1, \sigma_1^2)$,总体 $Y \sim N(\mu_2, \sigma_2^2)$,已知 σ_1^2 和 σ_2^2,求 $\mu_1 - \mu_2$ 的置信区间.

选用样本函数 $U = \dfrac{(\overline{X} - \overline{Y}) - (\mu_1 - \mu_2)}{\sqrt{\dfrac{\sigma_1^2}{n_1} + \dfrac{\sigma_2^2}{n_2}}} \sim N(0, 1)$,

对于给定的置信度 $1-\alpha$,有
$$P(-\mu_{\frac{\alpha}{2}} < U < \mu_{\frac{\alpha}{2}}) = 1 - \alpha,$$

则
$$P\left\{ -\mu_{\frac{\alpha}{2}} < \dfrac{(\overline{X} - \overline{Y}) - (\mu_1 - \mu_2)}{\sqrt{\dfrac{\sigma_1^2}{n_1} + \dfrac{\sigma_2^2}{n_2}}} < \mu_{\frac{\alpha}{2}} \right\} = 1 - \alpha,$$

所以 $\mu_1 - \mu_2$ 的置信度 $1-\alpha$ 的置信区间为

$$\left((\overline{X} - \overline{Y}) - \mu_{\frac{\alpha}{2}} \sqrt{\dfrac{\sigma_1^2}{n_1} + \dfrac{\sigma_2^2}{n_2}},\ (\overline{X} - \overline{Y}) + \mu_{\frac{\alpha}{2}} \sqrt{\dfrac{\sigma_1^2}{n_1} + \dfrac{\sigma_2^2}{n_2}} \right) \quad (7.3.6)$$

(2) 设总体 $X \sim N(\mu_1, \sigma_1^2)$,总体 $Y \sim N(\mu_2, \sigma_2^2)$,未知 σ_1^2 和 σ_2^2,求 $\mu_1 - \mu_2$ 的置信区间.

选用样本函数 $T = \dfrac{(\overline{X}-\overline{Y})-(\mu_1-\mu_2)}{S_\omega\sqrt{\dfrac{1}{n_1}+\dfrac{1}{n_2}}} \sim t(n_1+n_2-2)$,这里

$$S_\omega = \sqrt{\dfrac{(n_1-1)S_1^2+(n_2-1)S_2^2}{n_1+n_2-2}}$$

对于给定的置信度 $1-\alpha$,有

$$P(-t_{\frac{\alpha}{2}}(n_1+n_2-2) < T < t_{\frac{\alpha}{2}}(n_1+n_2-2)) = 1-\alpha$$

即

$$P\left[-t_{\frac{\alpha}{2}}(n_1+n_2-2) < \dfrac{(\overline{X}-\overline{Y})-(\mu_1-\mu_2)}{S_\omega\sqrt{\dfrac{1}{n_1}+\dfrac{1}{n_2}}} < t_{\frac{\alpha}{2}}(n_1+n_2-2)\right] = 1-\alpha$$

所以 $\mu_1-\mu_2$ 的置信度 $1-\alpha$ 的置信区间为

$$\left((\overline{X}-\overline{Y})-S_\omega\sqrt{\dfrac{1}{n_1}+\dfrac{1}{n_2}}\,t_{\frac{\alpha}{2}}(n_1+n_2-2),\right.$$
$$\left.(\overline{X}-\overline{Y})+S_\omega\sqrt{\dfrac{1}{n_1}+\dfrac{1}{n_2}}\,t_{\frac{\alpha}{2}}(n_1+n_2-2)\right) \quad (7.3.7)$$

例 7.3.4 为比较两个小麦品种的产量,选择 18 块条件相似的试验田,采用相同的耕作方法做试验,结果播种甲品种的 8 块试验田的单位亩产量和播种乙品种的 10 块试验田的单位亩产量分别为

甲品种:628 583 510 554 612 523 530 615

乙品种:535 433 398 470 567 480 498 560 503 426

假设每个品种的单位亩产量(千克)服从正态分布,求这两个品种平均亩产量之差 $\mu_1-\mu_2$ 的置信度为 0.95 的置信区间,如果:

(1)已知甲、乙两品种的亩产量的方差分别是 $\sigma_1^2=2140,\sigma_2^2=3256$;

(2)未知 σ_1^2 和 σ_2^2,但是 $\sigma_1^2=\sigma_2^2$.

解 由已知条件有

$\overline{x}=569.38, s_1^2=2140, n_1=8$

$\overline{y}=487.00, s_2^2=3256, n_2=10$

(1)已知置信度 $1-\alpha=0.95$,则 $\alpha=0.05$,经查表 $\mu_{\frac{\alpha}{2}}=\mu_{0.025}=1.96$,由式(7.3.6)可得 $\mu_1-\mu_2$ 的置信度为 0.95 的置信区间为

$$\left((569.38-487.00)-\sqrt{\dfrac{2140}{8}+\dfrac{3256}{10}}\,1.96,\,(569.38-487.00)+\sqrt{\dfrac{2140}{8}+\dfrac{3256}{10}}\,1.96\right),$$

即 $(34.65, 130.11)$.

(2) 计算 S_ω 的观测值为

$$S_\omega = \sqrt{\frac{(8-1)\times 2140 + (10-1)\times 3256}{8+10-2}} = 52.488$$

$t_{\frac{\alpha}{2}}(n_1 + n_2 - 2) = t_{0.025}(16) = 2.1199$

由式(7.3.7)可得 $\mu_1 - \mu_2$ 的置信度为 0.95 的置信区间为

$$\left((569.38 - 487.00) - \sqrt{\frac{1}{8} + \frac{1}{10}} \times 52.488 \times 2.1199, (569.38 - 487.00) + \sqrt{\frac{1}{8} + \frac{1}{10}} \times 52.488 \times 2.1199\right)$$

即 $(29.60, 135.16)$.

2. 方差比的区间估计

(1) 设总体 $X \sim N(\mu_1, \sigma_1^2)$,总体 $Y \sim N(\mu_2, \sigma_2^2)$,已知 μ_1 和 μ_2,求 $\dfrac{\sigma_1^2}{\sigma_2^2}$ 的置信区间.

选用样本函数 $F = \dfrac{\dfrac{\sum_{i=1}^{n_1}(X_i - \mu_1)^2}{n_1 \sigma_1^2}}{\dfrac{\sum_{j=1}^{n_2}(Y_j - \mu_2)^2}{n_2 \sigma_2^2}} \sim F(n_1, n_2)$

设 $P(F \geqslant F_{1-\frac{\alpha}{2}}(n_1, n_2)) = 1 - \dfrac{\alpha}{2}$;$P(F \geqslant F_{\frac{\alpha}{2}}(n_1, n_2)) = \dfrac{\alpha}{2}$,

于是有 $P(F_{1-\frac{\alpha}{2}}(n_1, n_2) < F < F_{\frac{\alpha}{2}}(n_1, n_2)) = 1 - \alpha$,

即 $P\left(F_{1-\frac{\alpha}{2}}(n_1, n_2) < \dfrac{\dfrac{\sum_{i=1}^{n_1}(X_i - \mu_1)^2}{n_1 \sigma_1^2}}{\dfrac{\sum_{j=1}^{n_2}(Y_j - \mu_2)^2}{n_2 \sigma_2^2}} < F_{\frac{\alpha}{2}}(n_1, n_2)\right) = 1 - \alpha$,

所以 $\dfrac{\sigma_1^2}{\sigma_2^2}$ 置信度为 $1-\alpha$ 的置信区间为

$$\left(\frac{1}{F_{\frac{\alpha}{2}}} \cdot \frac{n_2 \sum_{i=1}^{n_1}(X_i - \mu_1)^2}{n_1 \sum_{j=1}^{n_2}(Y_j - \mu_2)^2}, \frac{1}{F_{1-\frac{\alpha}{2}}} \cdot \frac{n_2 \sum_{i=1}^{n_1}(X_i - \mu_1)^2}{n_1 \sum_{j=1}^{n_2}(Y_j - \mu_2)^2}\right) \quad (7.3.8)$$

(2) 设总体 $X \sim N(\mu_1, \sigma_1^2)$, 总体 $Y \sim N(\mu_2, \sigma_2^2)$, 未知 μ_1 和 μ_2, 求 $\dfrac{\sigma_1^2}{\sigma_2^2}$ 的置信区间.

选用样本函数 $F = \dfrac{\dfrac{S_1^2}{\sigma_1^2}}{\dfrac{S_2^2}{\sigma_2^2}} \sim F(n_1-1, n_2-1)$

对于给定的置信度 $1-\alpha$, 有
$$P(F_{1-\frac{\alpha}{2}}(n_1-1, n_2-1) < F < F_{\frac{\alpha}{2}}(n_1-1, n_2-1)) = 1-\alpha,$$

即 $P(F_{1-\frac{\alpha}{2}}(n_1-1, n_2-1) < \dfrac{\dfrac{S_1^2}{\sigma_1^2}}{\dfrac{S_2^2}{\sigma_2^2}} < F_{\frac{\alpha}{2}}(n_1-1, n_2-1)) = 1-\alpha,$

所以 $\dfrac{\sigma_1^2}{\sigma_2^2}$ 置信度为 $1-\alpha$ 的置信区间为

$$\left(\dfrac{1}{F_{\frac{\alpha}{2}}(n_1-1, n_2-1)} \cdot \dfrac{S_1^2}{S_2^2}, \dfrac{1}{F_{1-\frac{\alpha}{2}}(n_1-1, n_2-1)} \cdot \dfrac{S_1^2}{S_2^2} \right) \quad (7.3.9)$$

例 7.3.5 在例 7.3.4 中, 求甲、乙两品种亩产量的方差比 $\dfrac{\sigma_1^2}{\sigma_2^2}$ 的置信度为 0.95 的置信区间, 如果:

(1) 已知甲、乙两品种亩产量的均值分别为 $\mu_1 = 570$ 和 $\mu_2 = 487$;

(2) 未知 μ_1 和 μ_2.

解 (1) 计算 $\sum\limits_{i=1}^{8}(x_i - \mu_1)^2 = 14987$, $\sum\limits_{j=1}^{10}(y_j - \mu_2)^2 = 29262$

已知置信度 $1-\alpha = 0.95$, 则 $\alpha = 0.05$, 经查表得

$F_{\frac{\alpha}{2}}(8, 10) = F_{0.025}(8, 10) = 4.30,$

$F_{1-\frac{\alpha}{2}}(8, 10) = F_{0.975}(8, 10) = \dfrac{1}{F_{0.025}(10, 8)} = \dfrac{1}{3.85} = 0.26$

所以, 根据式 (7.3.8) 得所求的置信区间为

$$\left(\dfrac{\frac{14987}{8}}{29262 \times \frac{4.30}{10}}, \dfrac{\frac{14987}{8}}{29262 \times \frac{0.26}{10}} \right), \text{即} (0.149, 2.465).$$

(2) 由已知条件有 $S_1^2 = 2140.55, S_2^2 = 3256.22$，

查表得，$F_{\frac{\alpha}{2}}(7,9) = F_{0.025}(7,9) = 4.82$，

$$F_{1-\frac{\alpha}{2}}(7,9) = F_{0.975}(7,9) = \frac{1}{F_{0.025}(9,7)} = \frac{1}{4.20} = 0.2238$$

所以，根据式(7.3.9)得所求的置信区间为

$$\left(\frac{2140.55}{3256.22 \times 4.82}, \frac{2140.55}{3256.22 \times 0.238}\right)，即(0.136, 2.761).$$

相关阅读

许宝騄

许宝騄(1910—1970)，中国数学家，是中国概率统计领域内享有国际声誉的第一位数学家.他的主要工作在数理统计和概率论两个方面.数理统计方面，在1938年到1945年这一期间，他对Ney-Man-Pearson理论作出了重要的贡献.他得到了一些重要的非中心分布，论证了F检验在上述理论中的优良性.他对多元统计分析中的精确分布和极限分布得到了重要的结果，导出正态分布样本协差矩阵特征根

的联合分布和极限分布，这些结果是多元分析中的基石.概率论方面，在1945—1947年，他潜心于独立和的极限分布的研究，由于消息闭塞，所得结果大部分与Kolmogorov的工作相重，但使用的方法是不同的.他还发表了马氏过程方向几篇重要的论文.

复习题7

7.1 矩估计必然是（　　）

　　A. 无偏估计　　B. 总体矩的函数　　C. 样本矩的函数　　D. 极大似然估计

7.2 θ为总体X的未知参数，θ的估计量为$\hat{\theta}$，则有（　　）

　　A. $\hat{\theta}$为一个数，近似等于θ　　　　B. $\hat{\theta}$为一个随机变量；

　　C. $\hat{\theta}$为一个统计量，且$E(\hat{\theta}) = \theta$　　D. 当n越大，$\hat{\theta}$的值越接近θ

第 7 章　参数估计

7.3 总体 X 服从正态分布 $N(\mu,\sigma^2)$，则 $2+\mu$ 的极大似然估计量为（　　）

A. $2+2\bar{X}$　　　B. $2+\dfrac{1}{2}\bar{X}$　　　C. $2+\dfrac{1}{4}\bar{X}$　　　D. $2+2\bar{X}$

7.4 设 $\hat{\theta}$ 是未知参数 θ 的一个估计量，若 $E(\hat{\theta})\neq\theta$，则 $\hat{\theta}$ 是 θ 的（　）

A. 极大似然估计　　B. 矩估计　　C. 有效估计　　D. 有偏估计

7.5 当正态总体的方差未知时，在大样本条件下，估计总体均值使用的分布是（　　）

A. 正态分布　　B. t 分布　　C. χ^2 分布　　D. F 分布

7.6 在一项对学生资助贷款的研究中，随机抽取 480 名学生作为样本，得到毕业前的平均欠款余额为 12168 元，标准差为 2200 元，则贷款学生总体中平均欠款额的置信度为 95% 的置信区间为（　　）

A.（11971,12365）　　　　　　　　B.（11971,13365）

C.（11971,14365）　　　　　　　　D.（11971,15365）

7.7 设总体 X 服从正态分布 $U(0,\theta)$，现从该总体中抽取容量为 10 的样本，样本值为 0.5,1.3,0.6,1.7,2.2,1.2,0.8,1.5,2.0,1.6，试对参数 θ 给出矩估计。

7.8 $X_1,X_2,\cdots,X_n$ 是来自总体 $N(\mu,\sigma^2)$ 的样本，其中 μ 已知，求 σ^2 的极大似然估计。

7.9 在某班级中，随机抽取 25 名同学测量身高数据，算得平均身高为 170 cm，标准差为 12 cm，试求该班学生平均身高 μ 和身高标准差 σ 的置信度为 0.95 的置信区间（假设所测身高近似服从正态分布）。

7.10 某工厂生产滚珠，从中随机抽取 9 个，测得其直径（mm）如下：14.6,14.7,15.1,14.9,14.8,15.0,15.1,15.2,14.8，设该滚珠直径服从正态分布 $N(\mu,\sigma^2)$，求直径均值 μ 的置信度为 0.95 的置信区间，如果：

(1) 已知直径标准差 $\sigma=0.15$；

(2) 未知 σ。

7.11 测得 16 个零件的长度（mm）如下：12.15,12.12,12.01,12.08,12.09,12.16,12.03,12.01,12.06,12.13,12.07,12.11,12.08,12.01,12.03,12.06，设零件长度服从正态分布 $N(\mu,\sigma^2)$，求零件长度的标准差 σ 的置信度为 0.99 的置信区间，如果：

(1) 已知零件长度的均值 $\mu=12.08$；(2) 未知 μ。

7.12 两批导线，从第一批中抽取 4 根，从第二批中抽取 5 根，测得其电阻（Ω）如下：第一批导线：0.143,0.142,0.142,0.137，第二批导线：0.140,0.142,0.136,0.138,0.140，设这两批导线的电阻分别服从正态分布 $N(\mu_1,\sigma_1^2)$ 和 $N(\mu_2,\sigma_2^2)$，其中 $\mu_1,\mu_2,\sigma_1^2,\sigma_2^2$ 都是未知参数，求这两批导线电阻的均值差 $\mu_1-\mu_2$（假定 $\sigma_1=\sigma_2$）和方差比 $\dfrac{\sigma_1^2}{\sigma_2^2}$ 的置信度为 0.95 的置信区间。

扫一扫，获取参考答案

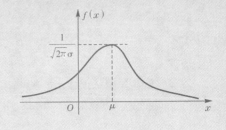

第 8 章 假设检验

【学习目标】

1. 理解假设检验的基本思想,掌握假设检验的基本步骤;

2. 掌握检验统计量、小概率原理、假设检验的两类错误、显著性水平等基本概念;

3. 熟练掌握单个正态总体的均值与方差的检验方法;

4. 掌握分布拟合检验方法.

假设检验是统计推断的重要方法之一. 假设检验就是通过对总体的参数或分布形式提出假设,通过样本信息对假设进行验证,从而对假设做出接受或拒绝的推断,进而回答"未知参数 θ 的值是 θ_0 吗?"或"总体是否服从某种分布"这一类问题.

§8.1 假设检验的思想与方法

本节介绍假设检验中的基本概念和假设检验的方法与步骤.

8.1.1 假设检验的基本概念

1. 原假设与备择假设

在实际问题中,为了推断总体分布的某些性质,需提出关于总体的假设,对总体所提的假设一般分为两类:一类是总体分布形式已知,需对总体分布中的参数提出假设,然后利用样本值来检验此项假设是否成立,这类检验称为**参数假设检验**.另一类是总体分布形式未知,需对总体分布提出假设.例如,假设总体服从正态分布,然后利用样本来检验假设是否成立,此类检验称为**非参数假设检验**.这里,先结合例子来说明假设检验的基本思想和做法.

 8.1.1 某车间用一台包装机包装葡萄糖,包得的袋装糖的重量是一个随机变量,它服从正态分布.当机器工作正常时,其均值为 0.5 公斤,标准差为 0.015 公斤.某日开工后为检验包装机工作是否正常,随机地抽取它所包装的糖 9 袋,称得净重为(单位:公斤):

0.497 0.506 0.518 0.524 0.498 0.511 0.520 0.515 0.512

问机器是否正常?

在这个例子中,我们关心的问题是包装机工作是否正常,即包装机装出的葡萄糖的平均重量是否等于 0.5 公斤.因此可以假设总体(包装机包装出的葡萄糖)的平均值等于 0.5 公斤,然后利用上述抽出的 9 袋葡萄糖的重量,来推断我们所做的这一假设的正确性,从而拒绝或接受这个假设.

例 8.1.2 某企业声明有 30% 以上的消费者对其产品质量满意.如果随机调查 600 名消费者,表示对该企业产品满意的有 220 人.试在显著性水平 $\alpha=0.05$ 下,检验调查结果是否支持企业的自我声明.

在此例中,我们对消费者满意率的情况一无所知.当然,从频率的稳定性来说,我们可以用这次调查的 600 名消费者的满意率来估计所有消费者的满意率,但是我们关心的问题是如何根据抽样的消费者满意率来推断企业的申明是否正确.为了解决这一问题,首先我们可以假设消费者满意率不小于 30%,然后利用样本数据来检验这一假设的正确性.

例 8.1.3 某种建筑材料,其抗断强度 X 的分布以往服从正态分布,现在改变了配料方案,希望判断其抗断强度的分布是否仍为正态分布.

此例与前两例有所不同,例 8.1.1 与例 8.1.2 中总体的分布类型已确定,需推断的仅是其中的参数,为参数假设检验问题.例 8.1.3 则是对总体分布类型作假设,属于非参数假设检验问题.对上面所举的三个例子所进行的假设都称为**统计假设**,统计假设包括**原假设**(或零假设)H_0 和**备择假设**(或对立假设) H_1，它们是成对的，二者互相排斥，有且只有一个假设正确. 假设检验要做出接受或拒绝原假设的推断：接受原假设 H_0，就拒绝备择假设 H_1；拒绝原假设 H_0，就接受备择假设 H_1. 上述三个例子的统计假设如下：

例 8.1.1　　$H_0:\mu = 0.5$，$H_1:\mu \neq 0.5$；

例 8.1.2　　$H_0:p \geqslant 0.3$，$H_1:p < 0.3$；

例 8.1.3　　$H_0:F(x) \in N(\cdot,\cdot)$，$H_1:F(x) \overline{\in} N(\cdot,\cdot)$.

原假设一般是根据实际问题与相关的专业知识提出的，是关于总体的参数或分布形式的所有可能中的一点或一种明确情况，在参数假设检验中，原假设一定要含等号. 备择假设是原假设的反面，它往往反映了研究目的. 假设检验要做出接受或拒绝原假设的推断：在假设检验中，哪一个假设作为原假设，哪一个作为备择假设，通常基于这样一个原则，即 H_0 是我们希望被接受的假设.

2. 小概率原理

假设检验的基本思想是人们在实际问题中经常采用的**小概率原理**，即"一个小概率事件在一次试验中几乎是不可能发生的". 我们用一个例子来说明. 假设有两个盒子，甲盒中有 99 个黑球和 1 个白球，乙盒中有 99 个白球和一个黑球. 现从两盒中随机取出一个，并从中随机摸出一个球，摸得白球. 问这个球是从哪个盒子中摸出的？应当判断这个球是从乙盒中摸出的，因为从甲盒中摸出白球的概率仅为 0.01，在一次试验中几乎不会发生. 这个判断就是运用了小概率原理. 假设检验也是利用小概率原理来推断的，即在原假设正确的情况下，小概率事件几乎不可能发生；如果小概率事件发生了，那么原假设就有可能是错误的，因此要拒绝原假设. 具体做法是：在原假设 H_0 成立的前提下，若通过从总体中抽样后发现一个概率很小的事件发生了，这时我们有理由怀疑 H_0 的正确性.

3. 显著性水平

假设检验要利用小概率原理来推断. 然而，多小是小概率？需要给定小概率标准 α，这个小概率标准 α 又称为显著性水平，α 通常取 0.01，0.05，0.1. α 是原假设成立时做出拒绝原假设的概率，α 由研究者自行确定其大小.

4. 检验统计量

检验统计量是假设检验的重要工具，它是与原假设有关的样本的函数，要求在原假设成立条件下其能称为统计量并能确定其分布. 检验的名称是由检验统计量 U 的分布命名的.

$U \sim N(0,1)$ 时称为 Z 检验或 U 检验;

$U \sim t(n)$ 时称为 t 检验;

$U \sim \chi^2(n)$ 时称为 χ^2 检验;

$U \sim F(m,n)$ 时称为 F 检验.

5. 两类错误

假设检验是根据样本,依据小概率原理,由局部推断总体. 由于抽样的随机性,因此我们的判断有可能出错,这种有可能犯的错误有两类:

(1) 当原假设 H_0 成立时,拒绝了原假设 H_0,这类错误称为第一类错误——弃真错误. 犯这类错误的概率是小概率事件发生的概率 α,即

$$P(\text{拒绝 } H_0 \mid H_0 \text{ 为真}) = \alpha.$$

(2) 当原假设 H_0 不成立时,接受了原假设 H_0,这类错误称为第二类错误——取伪错误. 犯这类错误的概率记为 β,即

$$P(\text{接受 } H_0 \mid H_0 \text{ 不真}) = \beta.$$

表 8.1.1 假设检验的两类错误

检验决策	H_0 为真	H_0 非真
拒绝 H_0	弃真错误(α)	正确
接受 H_0	正确	取伪错误(β)

由于抽样的随机性,在检验时,不论得到什么样的结论,都有可能犯错. 我们希望犯这两类错误的概率都尽可能的小. 但是在样本容量 n 固定时,这是很难做到的. 一般来说,当样本容量固定时,若要减少犯弃真错误的概率 α,就会增加犯取伪错误的概率 β,反之亦然. 若要同时减小 α、β,只有增加样本容量. 而在实际工作中,样本容量不可能无限增大. 因此,在做检验时,通常是控制犯弃真错误的概率,使它小于或等于 α,α 的大小视具体情况而定. 这种只对犯弃真错误的概率加以控制的检验问题,称为显著性检验问题.

6. 双侧检验与单侧检验

在假设检验问题中,当所采用的检验统计量的观察值落在集合 W 中时,就拒绝原假设 H_0,当检验统计量的观察值落在 $\overline{W}$(W 的补集)时就接受原假设 H_0,称 W 和 $\overline{W}$ 分别为原假设 H_0 的拒绝域和接受域. 显然 W 和 $\overline{W}$ 是两

个不相交的集合,并且 W 和 $\overline{W}$ 的并集就是检验统计量的所有可能取值的全体,构成一个完备事件组. 在例 8.1.1 中,备择假设 H_1 表示 μ 可能大于 μ_0, 也可能小于 μ_0,这种形式的检验称为双侧检验,检验拒绝域落在数轴两侧.

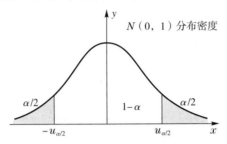

图 8.1.1 假设检验拒绝域(双侧检验)

有时,我们只关心总体均值是否增大,例如,试验新工艺以提高材料的强度. 这时,所考虑的总体均值应该越大越好. 如果我们能判断在新工艺下总体均值较以往正常生产的大,则可以考虑新工艺. 此时,我们需要检验假设

$$H_0: \mu = \mu_0 \qquad H_1: \mu > \mu_0$$

(我们在这里做了不言而喻的假定,即新工艺不可能比旧的更差). 这种形式的检验称为右侧检验. 右侧检验的拒绝域落在数轴的右侧. 类似地,有时我们需要检验假设

$$H_0: \mu = \mu_0 \qquad H_1: \mu < \mu_0$$

这种形式的检验称为左侧检验,左侧检验的拒绝域落在数轴的左侧. 右侧检验和左侧检验统称为单侧检验.

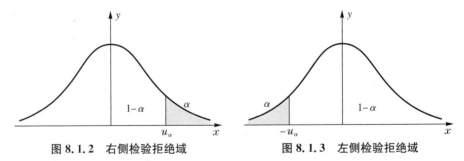

图 8.1.2 右侧检验拒绝域 　　　　图 8.1.3 左侧检验拒绝域

8.1.2 假设检验的方法

1. 假设检验的思路与特点

假设检验的思路是先假定原假设 H_0 成立,找出统计量的概率分布,据此

计算得到的样本值 $x_1, x_2, \cdots, x_n$ 所对应的统计量取值的概率. 如果这是一个小概率, 说明这次已经发生的事件 $A = \{(X_1, X_2, \cdots, X_n) = (x_1, x_2, \cdots, x_n)\}$ 是小概率事件, 这与小概率原理矛盾, 因此拒绝 H_0; 如果 A 不是小概率事件, 就没有理由拒绝 H_0, 因而接受 H_0.

由上可知, 假设检验的特点是:

(1) 拒绝 H_0 是有充分理由的, 其推理过程是"反证法";

(2) 从推理角度讲, 接受 H_0 是没有道理的;

(3) 这个方法对 H_0 是"保护"的, H_0 和 H_1 地位是不同的;

(4) 不同的假设检验方法, 就在于拒绝域与选择的检验统计量及其概率分布不一样;

(5) 检验结果与原假设的选择、检验统计量及显著性水平有关.

2. 假设检验的方法与步骤

(1) 提出假设. 根据研究目的和研究者观点或实际问题的要求, 选择双侧检验、左侧检验或右侧检验形式, 提出原假设 H_0 和备择假设 H_1;

(2) 给定显著性水平 α 以及样本容量 n;

(3) 确定检验统计量. 根据问题背景与 H_0 选择或构造一个与 H_0 有关的样本的函数 U, 并且在假设 H_0 正确时可求出 U 的概率分布;

(4) 确定拒绝域. 根据检验类型与显著性水平 α, 按 $P\{$拒绝 $H_0 \mid H_0$ 为真$\} = \alpha$ 求出拒绝域 B; 拒绝域的临界值由 α 和统计量的分布决定.

(5) 做出统计决策. 计算检验统计量 U 的取值 U_0, 若 $U_0 \in W$, 拒绝 H_0; 若 $U_0 \notin W$, 接受 H_0.

下面通过例 8.1.1 来说明如何进行假设检验.

要判断例 8.1.1 中的机器工作是否正常, 需要考察样本平均重量 $\bar{x}$ 与机器正常工作的均值 0.5 公斤之差的大小, 若机器包装重量随机波动的偏差 $|\bar{x} - 0.5|$ 过大, 则认为机器工作不正常. 因此我们可适当选取一个常数 C, 当 $|\bar{x} - 0.5| < C$ 时, 认为机器工作正常, 当 $|\bar{x} - 0.5| \geqslant C$, 认为机器工作不正常. 我们已经知道袋装葡萄糖的重量 X 是一个正态总体 $N(\mu, 0.015^2)$, 因此要看机器工作是否正常, 就要看总体均值 μ 是否为 0.5 公斤, 为此我们已提出假设

$$H_0: \mu = 0.5 \qquad H_1: \mu \neq 0.5$$

接下来, 用样本所提供的信息来判断原假设 H_0 是否成立.

我们知道样本均值 $\bar{x}$ 是总体均值 μ 的无偏估计,且方差 $D(\bar{x}) = \dfrac{DX}{n}$,这说明样本均值 $\bar{x}$ 比样本的每个分量 x 更集中地分布在总体均值 μ 的附近. 如果 H_0 为真,则样本均值 $\bar{x}$ 应较集中地在 $0.5\,\mathrm{kg}$ 的附近波动,否则与 $0.5\,\mathrm{kg}$ 应有较大的偏离. 这表明 $\bar{x}$ 较好地集中了样本中所包含的关于总体均值 μ 的信息,因此利用 $\bar{x}$ 来构造检验统计量判断原假设 H_0 真伪的方法是合适的.

由正态分布的性质知,在 H_0 成立时,有 $\bar{x} \sim N(0.5, \dfrac{0.015^2}{n})$,于是

$$\frac{\bar{x} - 0.5}{0.015/\sqrt{n}} \sim N(0,1)$$

这样我们可以构造出一个适当的小概率事件,例如给定小概率 α(一般为 $0.05, 0.01, 0.1$ 等),查标准正态分布表得 $u_{\alpha/2}$,使

$$P\left(\left|\frac{\bar{x} - 0.5}{0.015/\sqrt{n}}\right| > u_{\alpha/2}\right) = \alpha$$

其一般表达式可写为

$$P\left(\frac{|\bar{x} - \mu_0|}{\sigma_0/\sqrt{n}} > u_{\alpha/2}\right) = \alpha$$

若取 $\alpha = 0.05$,则 $u_{\alpha/2} = 1.96$,于是上式即为

$$P\left(\frac{|\bar{x} - 0.5|}{0.015/\sqrt{9}} > 1.96\right) = 0.05$$

这表明,当 $H_0:\mu = 0.5$ 为真时,事件 $\left\{\dfrac{|\bar{x} - 0.5|}{0.015/\sqrt{9}} > 1.96\right\}$ 的概率为 0.05(在一次抽样中发生的概率仅为 0.05),是一个小概率事件. 若在一次抽样中所得的样本值 $\bar{x}$ 使得 $\dfrac{|\bar{x} - 0.5|}{0.015/\sqrt{9}} > 1.96$,则说明在一次抽样中小概率事件 $\left\{\dfrac{|\bar{x} - 0.5|}{0.015/\sqrt{9}} > 1.96\right\}$ 竟然发生了,这与小概率事件原理相违背,这时我们认为原假设 H_0 不成立,即认为机器工作不正常. 若抽样得到的样本值 $\bar{x}$ 使得 $\dfrac{|\bar{x} - 0.5|}{0.015/\sqrt{9}} < 1.96$,则说明在一次抽样中小概率事件 $\left\{\dfrac{|\bar{x} - 0.5|}{0.015/\sqrt{9}} > 1.96\right\}$ 没有发生,这与小概率事件原理相符合,在这种情况下没有理由拒绝原假设 H_0,即认为原假设 H_0 成立,机器工作是正常的. 这里的概率 α 称为显著性水

平,统计量 $u = \dfrac{\bar{x} - \mu_0}{\sigma_0/\sqrt{n}}$ 称为检验统计量.

现在由例 8.1.1 数据计算得到 $\bar{x} = 0.511$,有 $\dfrac{|0.511 - 0.5|}{0.015/\sqrt{9}} = 2.2 > 1.96$,小概率事件发生了,拒绝原假设 H_0,认为当天包装机工作不正常. 这里,临界概率 α 称为显著性水平,$0 < \alpha < 1$. 对于不同的问题,显著性水平 α 可以选取不一样,但一般应取一个较小的数,显然,α 值给的越小,小概率事件在一次抽样中越不容易发生,也就越不容易拒绝原假设 H_0. 这是因为我们提出原假设 H_0 是经过细致调查的,所以对原假设 H_0 需加以保护,也就是说拒绝它应该慎重.

§8.2　正态总体均值的假设检验

8.2.1　单正态总体均值 μ 的检验方法

1. 双侧检验

(1) 已知方差 $\sigma^2 = \sigma_0^2$,检验 $H_0: \mu = \mu_0$;$H_1: \mu \neq \mu_0$.

在例 8.1.1 中,已讨论了正态总体 $N(\mu, \sigma^2)$,当 $\sigma^2 = \sigma_0^2$ 已知时关于 $\mu = \mu_0$ 的检验问题,其解决问题的途径就是利用在 H_0 为真时服从 $N(0,1)$ 分布的统计量

$$U = \frac{\bar{x} - \mu_0}{\sigma/\sqrt{n}}$$

来确定拒绝域的,拒绝域为

$$W = \left\{ x = (x_1, x_2, \cdots, x_n) : \frac{|\bar{x} - \mu_0|}{\sigma_0/\sqrt{n}} > u_{\alpha/2} \right\}.$$

(2) 方差 σ^2 未知,检验 $H_0: \mu = \mu_0$;$H_1: \mu \neq \mu_0$.

当方差未知时,$U = \dfrac{\bar{x} - \mu_0}{\sigma/\sqrt{n}}$ 已不是统计量,由于 S^2 是 σ^2 的无偏估计,自然想到用 S 来代替 σ,采用

$$T = \frac{\bar{x} - \mu_0}{S/\sqrt{n}}$$

作为检验统计量,当 H_0 成立时,统计量 $T = \dfrac{\bar{x} - \mu_0}{S/\sqrt{n}} \sim t(n-1)$,对给定的显著性水平 α,查 t 分布表得临界值 $t_{\alpha/2}(n-1)$,使

$$P\left(\dfrac{|\bar{x} - \mu_0|}{S/\sqrt{n}} > t_{\alpha/2}(n-1)\right) = P(|T| > t_{\alpha/2}(n-1)) = \alpha,$$

从而得到拒绝域为

$$W = \left\{x = (x_1, x_2, \cdots, x_n) : \dfrac{|\bar{x} - \mu_0|}{S/\sqrt{n}} > t_{\alpha/2}(n-1)\right\}.$$

参见图 8.2.1.

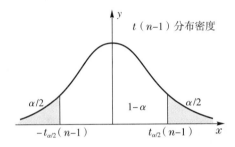

图 8.2.1 双侧 t 检验拒绝域

由于构造的检验统计量 T 在 H_0 成立时服从 $t(n-1)$ 分布,故称此检验法为 t 检验法.

例 8.2.1 某厂采用自动包装机分装产品,假定每包产品的重量服从正态分布,每包标准重量为 1 000 克,某日随机抽查 9 包,测得样本平均重量为 986 克,样本标准差是 24 克. 试问在 $\alpha = 0.05$ 的显著性水平上,能否认为这天自动包装机工作正常?

解 该日每包产品的重量 $X \sim N(\mu, \sigma^2)$,σ^2 未知. 待检假设为

$$H_0: \mu = 1000; \quad H_1: \mu \neq 1000$$

以上的备选假设是总体均值不等于 1 000 克,因为只要均值偏离 1 000 克,都说明包装机工作不正常. 因此使用双侧检验.

由于总体标准差未知,用样本标准差代替,相应检验统计量是 t 统计量,使用 t 检验法.

$\alpha = 0.05$,查 t 分布表(自由度 $n-1 = 8$),得临界值是 $t_{\alpha/2}(n-1) = t_{0.025}(8) = 2.306$,拒绝域是 $|t| > 2.306$.

样本平均数 $\bar{x}=986, n=9, s=24$，计算得到检验统计量为

$$t = \frac{\bar{X}-\mu_0}{s/\sqrt{n}} = \frac{986-1000}{24/\sqrt{9}} = -1.75$$

由于 $|t|<2.306$，检验统计量的样本取值落入接受区域，所以接受 H_0．样本数据说明这天的自动包装机工作正常．

我们不难发现，t 检验与 U 检验十分相似，不同之处只是在确定临界值时，查的分布表不同，而且，在大样本场合两者检验过程可完全相同．

2. 单侧检验

(1) 已知方差 $\sigma^2=\sigma_0^2$，检验 $H_0:\mu=\mu_0; H_1:\mu<\mu_0$．

根据前面的讨论，我们知道此检验为左侧检验，σ^2 已知，使用 U 检验法，拒绝域为

$$W = \left\{ x=(x_1,x_2,\cdots,x_n) : \frac{\bar{x}-\mu_0}{\sigma_0/\sqrt{n}} < -u_\alpha \right\}$$

例 8.2.2 根据过去大量资料知，某厂生产的零件重量 $X \sim N(10, 0.5^2)$，技术革新后，抽取 9 个样品，测得 $\bar{x}=9.856$，若已知方差不变，问平均重量是否比 10 小（$\alpha=0.05$）．

解 依题意，在 $\alpha=0.05$ 下检验假设 $H_0:\mu=10; H_1:\mu<10$，查标准正态分布表的 $u_\alpha=u_{0.05}=1.645$，计算检验统计量的值，得

$$U = \frac{\bar{x}-\mu_0}{\sigma_0/\sqrt{n}} = \frac{9.856-10}{0.5/\sqrt{9}} = -0.864$$

因 $U=-0.864>-u_{0.05}=-1.645$，所以接受 H_0，即认为零件平均重量不比 10 小．

(2) 已知方差 $\sigma^2=\sigma_0^2$，检验 $H_0:\mu=\mu_0; H_1:\mu>\mu_0$．

根据前面的讨论，我们知道此检验为右侧检验，σ^2 已知，使用 U 检验法，拒绝域为

$$W = \left\{ x=(x_1,x_2,\cdots,x_n) : \frac{\bar{x}-\mu_0}{\sigma_0/\sqrt{n}} > u_\alpha \right\}$$

例 8.2.3 根据过去大量资料，某厂生产的灯泡的使用寿命服从正态分布 $N \sim (1020,100^2)$．现从最近生产的一批产品中随机抽取 16 只，测

得样本平均寿命为 1080 小时. 试判断这批产品的使用寿命是否有显著提高($\alpha = 0.05$)?

解 依题意,在 $\alpha = 0.05$ 下检验假设

$$H_0 : \mu = 1020 ; H_1 : \mu > 1020$$

由样本观察值计算得

$$U = \frac{\bar{x} - \mu_0}{\sigma_0 / \sqrt{n}} = \frac{1080 - 1020}{100 / \sqrt{16}} = 2.4 > 1.645 = u_\alpha$$

因而拒绝 H_0,认为这批产品的使用寿命有显著提高.

(3)方差 σ^2 未知,检验 $H_0 : \mu \leqslant \mu_0 ; H_1 : \mu > \mu_0$.

由于 $H_0 : \mu \leqslant \mu_0$ 比较复杂,以下分别讨论.

① 若 $\mu = \mu_0$ 成立,

$$T = \frac{\bar{x} - \mu_0}{S / \sqrt{n}} \sim t(n-1),$$

对于给定的 α,有 $P\left(\frac{\bar{x} - \mu_0}{S / \sqrt{n}} > t_\alpha(n-1)\right) = \alpha$.

② 若真正参数 $\mu < \mu_0$,则因 μ 是总体 X 的均值,此时 $\frac{\bar{x} - \mu}{S / \sqrt{n}} \sim t(n-1)$,从而

$$P\left(\frac{\bar{x} - \mu}{S / \sqrt{n}} > t_\alpha(n-1)\right) = \alpha.$$

又因为 $\mu < \mu_0$,所以 $\frac{\bar{x} - \mu_0}{S / \sqrt{n}} < \frac{\bar{x} - \mu}{S / \sqrt{n}}$,故

$$P\left(\frac{\bar{x} - \mu_0}{S / \sqrt{n}} > t_\alpha(n-1)\right) < P\left(\frac{\bar{x} - \mu}{S / \sqrt{n}} > t_\alpha(n-1)\right) = \alpha$$

综合①②知,当 $H_0 : \mu \leqslant \mu_0$ 成立时,总有

$$P\left(\frac{\bar{x} - \mu_0}{S / \sqrt{n}} > t_\alpha(n-1)\right) \leqslant \alpha$$

即 $\left\{\frac{\bar{x} - \mu_0}{S / \sqrt{n}} > t_\alpha(n-1)\right\}$ 是小概率事件,因此所求检验的拒绝域取为

$$W = \left\{x = (x_1, x_2, \cdots, x_n) : \frac{\bar{x} - \mu_0}{S / \sqrt{n}} > t_\alpha(n-1)\right\}$$

参见图 8.2.2.

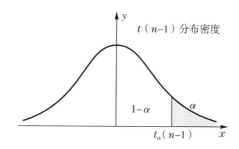

图 8.2.2 单侧 t 检验拒绝域

若样本观察值使 $\dfrac{\bar{x}-\mu_0}{S/\sqrt{n}} > t_\alpha(n-1)$，则认为 $\bar{x}$ 过分大于 μ_0，于是拒绝 H_0，接受 H_1，认为 $\mu > \mu_0$.

例 8.2.4 设罐头的细菌含量 X 服从正态分布，按规定罐头的细菌平均含量必须小于 62，先从一批罐头中抽取 9 个，检验其细菌含量，经计算得 $\bar{x} = 62.5, s = 0.6$，问这批罐头的质量是否完全符合标准（$\alpha = 0.05$）？

解 设 $X \sim N(\mu, \sigma^2)$，依题意需检验

$$H_0: \mu \leqslant 62;\ H_1: \mu > 62$$

计算检验统计量得

$$\frac{\bar{x}-\mu_0}{S/\sqrt{n}} = \frac{62.5-62}{0.6/\sqrt{9}} = 2.5$$

查表得 $t_\alpha(n-1) = t_{0.05}(8) = 1.8595$，由于 $2.5 > 1.8595$，拒绝 H_0，即认为这批罐头的质量不符合标准.

检验中，若取 $\alpha = 0.01$，则因 $t_{0.01}(8) = 2.8965 > 2.5$，所以接受 H_0. 因此，虽然 $\bar{x} = 62.5$ 已经超过 62，但不认为细菌平均含量提高了，而认为仍保持原来水平. 以上的所谓"超过"不过是在原有水平上的随机波动而已. 在此可以看到，假设检验的推断与显著水平 α 有关，α 越小，越不容易否定 H_0，对 H_0 采取的否定越要慎重，控制 α 即是控制放弃真错误的概率.

对于正态总体的均值 μ，还可以类似地提出其他待检假设，并求出它们的拒绝域（参见表 8.2.1）.

表 8.2.1　$X \sim N(\mu,\sigma^2)$ 时均值 μ 的检验拒绝域

类型	H_0	H_1	σ^2 已知	σ^2 未知
双侧	$\mu = \mu_0$	$\mu \neq \mu_0$	$\dfrac{|\bar{x}-\mu_0|}{\sigma/\sqrt{n}} > u_{\alpha/2}$	$\dfrac{|\bar{x}-\mu_0|}{S/\sqrt{n}} > t_{\alpha/2}(n-1)$
左侧	$\mu = \mu_0$	$\mu < \mu_0$	$\dfrac{\bar{x}-\mu_0}{\sigma/\sqrt{n}} < -u_{\alpha}$	$\dfrac{\bar{x}-\mu_0}{S/\sqrt{n}} < -t_{\alpha}(n-1)$
左侧	$\mu \geq \mu_0$	$\mu < \mu_0$	$\dfrac{\bar{x}-\mu_0}{\sigma/\sqrt{n}} < -u_{\alpha}$	$\dfrac{\bar{x}-\mu_0}{S/\sqrt{n}} < -t_{\alpha}(n-1)$
右侧	$\mu = \mu_0$	$\mu > \mu_0$	$\dfrac{\bar{x}-\mu_0}{\sigma/\sqrt{n}} > u_{\alpha}$	$\dfrac{\bar{x}-\mu_0}{S/\sqrt{n}} > t_{\alpha}(n-1)$
右侧	$\mu \leq \mu_0$	$\mu > \mu_0$	$\dfrac{\bar{x}-\mu_0}{\sigma/\sqrt{n}} > u_{\alpha}$	$\dfrac{\bar{x}-\mu_0}{S/\sqrt{n}} > t_{\alpha}(n-1)$

8.2.2　两正态总体均值差的检验方法

设 $X_1,X_2,\cdots,X_{n_1};Y_1,Y_2,\cdots,Y_{n_2}$ 分别是取自两个正态总体 $N(\mu_1,\sigma_1^2)$，$N(\mu_2,\sigma_2^2)$ 的样本，且两个样本相互独立，并记它们的样本均值分别为 $\bar{X},\bar{Y}$，样本方差分别为 S_1^2,S_2^2。

(1) 已知方差 σ_1^2 和 σ_2^2，检验假设 $H_0:\mu_1 = \mu_2;H_1:\mu_1 \neq \mu_2$。

由本节的假设及正态分布的性质知

$$\bar{X} \sim N\left(\mu_1,\frac{\sigma_1^2}{n_1}\right), \bar{Y} \sim N\left(\mu_2,\frac{\sigma_2^2}{n_2}\right),$$

且 $\bar{X}$ 与 $\bar{Y}$ 相互独立，所以

$$\frac{\bar{X}-\bar{Y}-(\mu_1-\mu_2)}{\sqrt{\dfrac{\sigma_1^2}{n_1}+\dfrac{\sigma_2^2}{n_2}}} \sim N(0,1)$$

则在 $H_0:\mu_1 = \mu_2$ 成立时，统计量

$$U = \frac{\bar{X}-\bar{Y}}{\sqrt{\dfrac{\sigma_1^2}{n_1}+\dfrac{\sigma_2^2}{n_2}}} \sim N(0,1),$$

于是对给定的显著性水平 α，查标准正态分布表可得 $u_{\alpha/2}$，使

$$P(|U| > u_{\alpha/2}) = \alpha,$$

即得到检验的拒绝域

$$W = \left\{(x,y): \frac{\bar{x}-\bar{y}}{\sqrt{\frac{\sigma_1^2}{n_1}+\frac{\sigma_2^2}{n_2}}} > u_{\alpha/2}\right\},$$

再由样本值 $x=(x_1,x_2,\cdots,x_{n_1})$，$y=(y_1,y_2,\cdots,y_{n_1})$，算出统计量 U 的值 u，若 $|u|=\dfrac{|\bar{x}-\bar{y}|}{\sqrt{\dfrac{\sigma_1^2}{n_1}+\dfrac{\sigma_2^2}{n_2}}}>u_{\alpha/2}$，则拒绝 H_0；若 $|u| \leqslant u_{\alpha/2}$，则接受 H_0.

(2) 方差 σ_1^2 和 σ_2^2 未知，但 $\sigma_1^2=\sigma_2^2$，检验假设 $H_0:\mu_1=\mu_2$；$H_1:\mu_1 \neq \mu_2$.

由定理 6.2.8 知

$$\frac{\bar{X}-\bar{Y}-(\mu_1-\mu_2)}{S_w\sqrt{\frac{1}{n_1}+\frac{1}{n_2}}} \sim t(n_1+n_2-2)$$

其中 $S_w=\sqrt{\dfrac{(n_1-1)S_1^2+(n_2-1)S_2^2}{n_1+n_2-2}}$

在 $H_0:\mu_1=\mu_2$ 成立时，统计量

$$T = \frac{\bar{X}-\bar{Y}}{S_w\sqrt{\frac{1}{n_1}+\frac{1}{n_2}}} \sim t(n_1+n_2-2),$$

对给定的显著性水平 α，查 t 分布表可得 $t_{\alpha/2(n_1+n_2-2)}$，使得

$$P(|T|>t_{\alpha/2(n_1+n_2-2)})=\alpha,$$

即得到检验的拒绝域（其中 s_w 为 S_w 的观察值）

$$W = \left\{(x,y): \frac{|\bar{x}-\bar{y}|}{s_w\sqrt{\frac{1}{n_1}+\frac{1}{n_2}}} > t_{\alpha/2(n_1+n_2-2)}\right\},$$

再由样本值 $x=(x_1,x_2,\cdots,x_{n_1})$，$y=(y_1,y_2,\cdots,y_{n_1})$，算出统计量 T 的值 t，若 $|t|=\dfrac{|\bar{x}-\bar{y}|}{s_w\sqrt{\dfrac{1}{n_1}+\dfrac{1}{n_2}}}>t_{\alpha/2(n_1+n_2-2)}$，则拒绝 H_0；若 $|t| \leqslant t_{\alpha/2(n_1+n_2-2)}$，则接受 H_0.

对于两正态总体均值差的检验，还可根据不同要求提出的其他待检假设并求出它们的拒绝域（参见表 8.2.2）.

表 8.2.2 两正态总体均值的检验拒绝域

	H_0	H_1	σ_1^2、σ_2^2 已知	σ_1^2、σ_2^2 未知,但 $\sigma_1^2 = \sigma_2^2$
1	$\mu_1 = \mu_2$	$\mu_1 \neq \mu_2$	$\dfrac{\|\bar{x}-\bar{y}\|}{\sqrt{\dfrac{\sigma_1^2}{n_1}+\dfrac{\sigma_2^2}{n_2}}} > u_{\alpha/2}$	$\dfrac{\|\bar{x}-\bar{y}\|}{s_w\sqrt{\dfrac{1}{n_1}+\dfrac{1}{n_2}}} > t_{\alpha/2(n_1+n_2-2)}$
2	$\mu_1 \leq \mu_2$	$\mu_1 > \mu_2$	$\dfrac{\bar{x}-\bar{y}}{\sqrt{\dfrac{\sigma_1^2}{n_1}+\dfrac{\sigma_2^2}{n_2}}} > u_{\alpha}$	$\dfrac{\bar{x}-\bar{y}}{s_w\sqrt{\dfrac{1}{n_1}+\dfrac{1}{n_2}}} > t_{\alpha(n_1+n_2-2)}$
3	$\mu_1 \geq \mu_2$	$\mu_1 < \mu_2$	$\dfrac{\bar{x}-\bar{y}}{\sqrt{\dfrac{\sigma_1^2}{n_1}+\dfrac{\sigma_2^2}{n_2}}} < -u_{\alpha}$	$\dfrac{\bar{x}-\bar{y}}{s_w\sqrt{\dfrac{1}{n_1}+\dfrac{1}{n_2}}} < -t_{\alpha(n_1+n_2-2)}$

例 8.2.5 某机器制造厂原用甲、乙两条生产线生产同一产品,其月产量均服从正态分布,平均月产量分别为 50 台和 35 台,方差分别为 $\sigma_1^2 = 7^2$,$\sigma_2^2 = 9^2$,现改造生产线,使两条生产线产量相同,方差仍保持不变.为验证改造效果,在两条生产线上各抽取一个样本,甲生产线随机抽取 30 天,得平均月产量为 60 台;乙生产线随机抽取 25 天,得平均月产量 55 台,请问改造后两条生产线产量是否相同?($\alpha = 0.05$)

解 依题意,需检验假设 $H_0: \mu_1 = \mu_2$;$H_1: \mu_1 \neq \mu_2$

已知 $n_1 = 30, n_2 = 25, \bar{x} = 60, \bar{y} = 55, \sigma_1^2 = 49, \sigma_2^2 = 81$

计算检验统计量 U 的观察值 u:

$$|u| = \frac{|\bar{x}-\bar{y}|}{\sqrt{\dfrac{\sigma_1^2}{n_1}+\dfrac{\sigma_2^2}{n_2}}} = \frac{|60-55|}{\sqrt{\dfrac{49}{30}+\dfrac{81}{25}}} = 2.2649$$

查标准正态分布表知 $u_{\alpha/2} = u_{0.025} = 1.96$,由于 $|u| = 2.2649 > 1.96$,所以拒绝 H_0,即认为改造后两条生产线产量是不同的.

例 8.2.6 为比较甲、乙两种安眠药的疗效,将 2 名患者分成两组,每组 10 人,设服药后延长的睡眠时间分别服从正态分布 $N(\mu_1, \sigma^2)$ 和 $N(\mu_2, \sigma^2)$,检测数据(单位:小时)为:

甲 5.5 4.6 4.4 3.4 1.9 1.6 1.1 0.8 0.1 −0.1
乙 3.7 3.4 2   2   0.8 0.7 0   −0.1 −0.2 −1.6

在显著性水平 $\alpha = 0.05$ 下,分析两种药的平均疗效有无显著性差异.

解 假设 $H_0: \mu_1 = \mu_2$；$H_1: \mu_1 \neq \mu_2$

经计算知 $n_1 = 10, n_2 = 10, \bar{x} = 2.33, \bar{y} = 1.07, s_1^2 = 2.0022^2,$ $s_2^2 = 1.6846^2$

根据以上资料计算检验统计量 T 的观察值 t

$$|t| = \frac{|\bar{x} - \bar{y}|}{s_w \sqrt{\frac{1}{n_1} + \frac{1}{n_2}}}$$

$$= \frac{|2.33 - 1.07|}{\sqrt{\left(\frac{1}{10} + \frac{1}{10}\right)\left[\frac{(10-1) \times 2.0022^2 + (10-1) \times 1.6846^2}{10 + 10 - 2}\right]}}$$

$$\approx 0.83$$

查 t 分布表得 $t_{0.025(18)} = 2.101$.

由于 $|t| = 0.83 < 2.101$，故接受原假设，即两种药的平均疗效无显著性差异.

§8.3 正态总体方差的假设检验

8.3.1 单正态总体方差的检验方法

1. 双侧检验

(1) 均值 μ 未知，检验 $H_0: \sigma^2 = \sigma_0^2$；$H_1: \sigma^2 \neq \sigma_0^2$，$\sigma_0^2$ 为已知常数.

由于 $S^2 = \frac{1}{n-1}\sum_{i=1}^{n}(X_i - \bar{X})^2$ 是 σ^2 的无偏估计量，当 H_0 为真时，S^2/σ_0^2 取值应集中在 1 附近，而不应过分大于 1 或过分小于 1. 否则，应否定 H_0. 当 H_0 为真时统计量

$$\chi^2 = \frac{(n-1)S^2}{\sigma_0^2} \sim \chi^2(n-1),$$

对于给定的 α，查 χ^2 分布表可得 $\chi^2_{1-\alpha/2}(n-1)$ 和 $\chi^2_{\alpha/2}(n-1)$，使得

$$P(\chi^2 < \chi^2_{1-\alpha/2}(n-1)) = P(\chi^2 > \chi^2_{\alpha/2}(n-1)) = \frac{\alpha}{2},$$

即 $P(\text{拒绝 } H_0 | H_0 \text{ 为真})$

$$= P\left\{\left(\frac{(n-1)S^2}{\sigma_0^2} < \chi^2_{1-\alpha/2}(n-1)\right) \cup \left(\frac{(n-1)S^2}{\sigma_0^2} > \chi^2_{\alpha/2}(n-1)\right)\right\} = \alpha,$$

所以得出拒绝域为

$$W = \left\{ x = (x_1, x_2, \cdots, x_n) : \frac{(n-1)S^2}{\sigma_0^2} < \chi^2_{1-\alpha/2}(n-1) \text{ 或} \right.$$
$$\left. \frac{(n-1)S^2}{\sigma_0^2} > \chi^2_{\alpha/2}(n-1) \right\}.$$

由样本值可计算出统计量 $\chi^2 = (n-1)S^2/\sigma_0^2$ 的值,若 $(n-1)S^2/\sigma_0^2 < \chi^2_{1-\alpha/2}$ 或 $(n-1)S^2/\sigma_0^2 > \chi^2_{\alpha/2}$,则拒绝 $H_0 : \sigma^2 = \sigma_0^2$;否则接受 $H_1 : \sigma^2 \neq \sigma_0^2$.

例 8.3.1 某厂商生产出一种新型的饮料装瓶机器,按设计要求,该机器装一瓶一升(1000 cm^3)的饮料容量的方差上下不超过 1 cm^3. 如果达到设计要求,表明机器的稳定性非常好. 现从该机器装完的产品中随机抽取 25 瓶,分别进行测定(用样本减 1000 cm^3),得到 $s^2 = 0.866$,检验该机器的性能是否达到设计要求($\alpha = 0.05$).

解 依题意要在显著性水平 $\alpha = 0.05$ 下检验假设:
$$H_0 : \sigma^2 = 1; H_1 : \sigma^2 \neq 1$$

根据样本值计算检验统计量为
$$\chi^2 = \frac{(n-1)S^2}{\sigma_0^2} = \frac{(25-1) \times 0.866}{1} = 20.8$$

查 χ^2 分布表可得
$$\chi^2_{1-\alpha/2}(n-1) = \chi^2_{0.975}(24) = 12.40$$
$$\chi^2_{\alpha/2}(n-1) = \chi^2_{0.025}(24) = 39.36$$

现在检验统计量 $\chi^2 = 20.8$,$12.40 < \chi^2 < 39.36$,没有落在拒绝域,因此接受 H_0,即认为该机器的性能达到了设计要求.

(2)均值 μ 已知,检验 $H_0 : \sigma^2 = \sigma_0^2 ; H_1 : \sigma^2 \neq \sigma_0^2$,$\sigma_0^2$ 为已知常数.

此时只需注意,在 H_0 成立时,统计量
$$\chi^2 = \frac{\sum_{i=1}^{n}(X_i - \mu)^2}{\sigma_0^2} \sim \chi^2(n),$$

于是可类似地推导出检验的拒绝域为

$$W = \left\{ x = (x_1, x_2, \cdots, x_n) : \frac{\sum_{i=1}^{n}(x_i - \mu)^2}{\sigma_0^2} < \chi^2_{1-\alpha/2}(n) \text{ 或} \right.$$
$$\left. \frac{\sum_{i=1}^{n}(x_i - \mu)^2}{\sigma_0^2} > \chi^2_{\alpha/2}(n) \right\}$$

对于单个正态总体 $N(\mu,\sigma^2)$ 的方差 σ^2 做检验时,无论 μ 已知还是未知,所选取的统计量都服从 χ^2 分布,只是自由度不同,常称这种检验为 χ^2 检验.

2. 单侧检验

(1)均值 μ 未知,检验 $H_0:\sigma^2 \geqslant \sigma_0^2$;$H_1:\sigma^2 < \sigma_0^2$,$\sigma_0^2$ 为已知常数.

仍选用

$$\chi^2 = \frac{(n-1)S^2}{\sigma_0^2} = \frac{\sum_{i=1}^{n}(X_i - \overline{X})^2}{\sigma_0^2}$$

作统计量. 若 χ^2 的观察值过小,则否定 H_0.

当总体 $X \sim N(\mu,\sigma^2)$

$$\frac{(n-1)S^2}{\sigma^2} \sim \chi^2(n-1),$$

所以

$$P\left(\frac{(n-1)S^2}{\sigma^2} < \chi^2_{1-\alpha}(n-1)\right) = \alpha.$$

如果 $\sigma^2 = \sigma_0^2$,则

$$P\left(\frac{(n-1)S^2}{\sigma_0^2} < \chi^2_{1-\alpha}(n-1)\right) = \alpha,$$

而当 $\sigma^2 > \sigma_0^2$ 时,

$$\frac{(n-1)S^2}{\sigma_0^2} > \frac{(n-1)S^2}{\sigma^2},$$

从而

$$P\left(\frac{(n-1)S^2}{\sigma_0^2} < \chi^2_{1-\alpha/2}(n-1)\right) < P\left(\frac{(n-1)S^2}{\sigma^2} < \chi^2_{1-\alpha/2}(n-1)\right) = \alpha.$$

综上所述,当 $H_0:\sigma^2 \geqslant \sigma_0^2$ 成立时,有

$$P\left(\frac{(n-1)S^2}{\sigma_0^2} < \chi^2_{1-\alpha/2}(n-1)\right) \leqslant \alpha.$$

可见在 $H_0:\sigma^2 \geqslant \sigma_0^2$ 成立时,$\left\{\frac{(n-1)S^2}{\sigma_0^2} < \chi^2_{1-\alpha/2}(n-1)\right\}$ 是小概率事件. 于是得到检验法则:由样本观察值算出检验统计量 χ^2 的值,若

$$\chi^2 < \chi^2_{1-\alpha}(n-1),$$

则拒绝 H_0，认为 $\sigma^2 < \sigma_0^2$；若

$$\chi^2 \geqslant \chi^2_{1-\alpha}(n-1),$$

则接受 H_0，认为 $\sigma^2 \geqslant \sigma_0^2$. 此检验的拒绝域为

$$W = \left\{ x = (x_1, x_2, \cdots, x_n) : \frac{(n-1)S^2}{\sigma_0^2} < \chi^2_{1-\alpha}(n-1) \right\}.$$

例 8.3.2 在例 8.3.1 的条件下，该机器灌装的饮料容量方差是否小于 $1\,\text{cm}^3$（$\alpha = 0.05$）.

解 依题意要在显著性水平 $\alpha = 0.05$ 下检验假设：

$$H_0 : \sigma^2 \geqslant 1; H_1 : \sigma^2 < 1$$

根据样本值计算检验统计量为

$$\chi^2 = \frac{(n-1)S^2}{\sigma_0^2} = \frac{(25-1)0.866}{1} = 20.8$$

查 χ^2 分布表可得

$$\chi^2_{1-\alpha/2}(n-1) = \chi^2_{0.95}(24) = 13.848$$

现在检验统计量 $\chi^2 = 20.8, \chi^2 < 13.848$，没有落在拒绝域，因此接受 H_0，即认为该机器灌装的饮料容量方差大于 $1\,\text{cm}^3$.

(2) 均值未知，检验 $H_0 : \sigma^2 \leqslant \sigma_0^2 ; H_1 : \sigma^2 > \sigma_0^2$，$\sigma_0^2$ 为已知常数.

此时易见若 $(n-1)S^2/\sigma_0^2$ 的观察值过大，则应拒绝 $H_0 : \sigma^2 \leqslant \sigma_0^2$；否则，应接受 $H_0 : \sigma^2 \leqslant \sigma_0^2$. 与前面类似可得如下检验法则：在显著性水平 α 下，由样本观察值算出检验统计量 χ^2 的值，若

$$\chi^2 = \frac{(n-1)S^2}{\sigma_0^2} = \frac{\sum_{i=1}^{n}(x_i - \bar{x})^2}{\sigma_0^2} > \chi^2_{\alpha}(n-1)$$

则拒绝 H_0，认为 $\sigma^2 > \sigma_0^2$；否则，接受 H_0. 此检验的拒绝域为
所以得出拒绝域为

$$W = \left\{ x = (x_1, x_2, \cdots, x_n) : \frac{(n-1)S^2}{\sigma_0^2} < \chi^2_{1-\alpha}(n-1) \right\}.$$

只需注意，在 H_0 成立时，统计量

$$\chi^2 = \frac{\sum_{i=1}^{n}(X_i - \mu)^2}{\sigma_0^2} \sim \chi^2(n),$$

于是可类似地推导出检验的拒绝域为

$$W = \left\{ x = (x_1, x_2, \cdots, x_n) : \frac{\sum_{i=1}^{n}(x_i - \mu)^2}{\sigma_0^2} > \chi_\alpha^2(n) \right\}.$$

表 8.3.1 $X \sim N(\mu, \sigma^2)$ 时方差 σ^2 的检验拒绝域

类型	H_0	H_1	μ 已知	μ 未知
1	$\sigma^2 = \sigma_0^2$	$\sigma^2 \neq \sigma_0^2$	$\sum_{i=1}^{n}(x_i-\mu)^2/\sigma_0^2 < \chi_{1-\alpha/2}^2(n)$ 或 $\sum_{i=1}^{n}(x_i-\mu)^2/\sigma_0^2 > \chi_{\alpha/2}^2(n)$	$(n-1)s^2/\sigma_0^2 < \chi_{1-\alpha/2}^2(n-1)$ 或 $(n-1)s^2/\sigma_0^2 > \chi_{\alpha/2}^2(n-1)$
2	$\sigma^2 \geqslant \sigma_0^2$	$\sigma^2 < \sigma_0^2$	$\sum_{i=1}^{n}(x_i-\mu)^2/\sigma_0^2 < \chi_{1-\alpha}^2(n)$	$(n-1)s^2/\sigma_0^2 < \chi_{1-\alpha}^2(n-1)$
3	$\sigma^2 \leqslant \sigma_0^2$	$\sigma^2 > \sigma_0^2$	$\sum_{i=1}^{n}(x_i-\mu)^2/\sigma_0^2 > \chi_\alpha^2(n)$	$(n-1)s^2/\sigma_0^2 > \chi_\alpha^2(n-1)$

8.3.2 两正态总体方差比的检验

设 $X_1, X_2, \cdots, X_{n_1}; Y_1, Y_2, \cdots, Y_{n_2}$ 分别是取自两个正态总体 $N(\mu_1, \sigma_1^2)$, $N(\mu_2, \sigma_2^2)$ 的样本,且两个样本相互独立,并记它们的样本方差分别为 S_1^2, S_2^2.

1. μ_1, μ_2 未知

(1)检验假设 $H_0: \sigma_1^2 = \sigma_2^2$; $H_1: \sigma_1^2 \neq \sigma_2^2$.

由于 S_1^2 是 σ_1^2 的无偏估计, S_2^2 是 σ_2^2 的无偏估计,故当 H_0 为真时,统计量 F 的取值应集中在 1 的附近,若 F 的观察值过大或过小,则应否定 H_0. 由定理 6.2.7 知,当 $H_0: \sigma_1^2 = \sigma_2^2$ 成立时,统计量

$$F = \frac{S_1^2}{S_2^2} \sim F(n_1 - 1, n_2 - 1)$$

对于给定的显著性水平 α,有

$$P(F < F_{1-\alpha/2}(n_1-1, n_2-1)) = P(F > F_{\alpha/2}(n_1-1, n_2-1)) = \frac{\alpha}{2}$$

即 $(F = \frac{S_1^2}{S_2^2} < F_{1-\alpha/2}(n_1-1, n_2-1)) \cup (F = \frac{S_1^2}{S_2^2} > F_{\alpha/2}(n_1-1, n_2-1))$

是小概率事件,由此得到检验的拒绝域

$$W = \left\{ (x, y) : \frac{S_1^2}{S_2^2} < F_{1-\alpha/2}(n_1-1, n_2-1) \text{ 或 } \frac{S_1^2}{S_2^2} > F_{\alpha/2}(n_1-1, n_2-1) \right\}$$

若由样本值 $x=(x_1,x_2,\cdots,x_{n_1})$,$y=(y_1,y_2,\cdots,y_{n_1})$,算出统计量 $F=S_1^2/S_2^2$ 的值 $f=s_1^2/s_2^2$,当 $f<F_{1-\alpha/2}(n_1-1,n_2-1)$ 或 $f>F_{\alpha/2}(n_1-1,n_2-1)$,则拒绝 H_0,认为 $\sigma_1^2\neq\sigma_2^2$;否则,接受 H_0,认为 $\sigma_1^2=\sigma_2^2$.

  8.3.2 用两种激励方法 A 与 B,分别对同样工种的两个班组进行激励,每个班组都是 7 个人,但实际上两个班组的人数即使有所不同,也不妨碍对两种激励方法效果的考察,测得激励后业绩增长率分别为:

激励法 A 16.10 17.00 16.50 17.50 18.00 17.20 16.80

激励法 B 17.00 16.40 15.80 16.40 16.00 17.10 16.90

要求在显著性水平 $\alpha=0.1$ 的条件下,检验两种激励方法效果的方差有没有明显差异.

解 由于检验激励方法效果的方差是否一致的问题,属于双侧检验,因此建立假设:

$$H_0:\sigma_1^2=\sigma_2^2;\ H_1:\sigma_1^2\neq\sigma_2^2$$

检验统计量为

$$F=\frac{S_1^2}{S_2^2}\sim F(6,6)$$

经过计算得知

$$\bar{x}=17.0143,\bar{y}=16.5143,s_1^2=0.63095^2,s_2^2=0.50474^2$$

根据资料计算的检验统计量为:

$$f=\frac{S_1^2}{S_2^2}=\frac{0.63095^2}{0.50474^2}=1.563$$

查 F 分布表可知

$$F_{1-\alpha/2}(n_1-1,n_2-1)=F_{0.95}(6,6)=0.24,$$
$$F_{\alpha/2}(n_1-1,n_2-1)=F_{0.05}(6,6)=4.28$$

因为 $0.24<1.563<4.28$,即在一次试验中小概率事件没有发生,因此,可以接受原假设,即在显著性水平 $\alpha=0.1$ 的条件下,两种刺激方法效果的方差没有显著性差异.

(2)检验假设 $H_0:\sigma_1^2\leqslant\sigma_2^2$;$H_1:\sigma_1^2>\sigma_2^2$.

对于给定的显著性水平 α,查 F 分布表得 $F_\alpha(n_1-1,n_2-1)$.由样本值算

出统计量 $F = S_1^2/S_2^2$ 的值 f,若 $f = \dfrac{s_1^2}{s_2^2} > F_\alpha(n_1-1, n_2-1)$,则拒绝 H_0,否则接受 H_0. 即检验的拒绝域为

$$W = \left\{(x,y): \dfrac{s_1^2}{s_2^2} > F_\alpha(n_1-1, n_2-1)\right\}$$

(3)检验假设 $H_0: \sigma_1^2 \geqslant \sigma_2^2$; $H_1: \sigma_1^2 < \sigma_2^2$.

对于给定的显著性水平 α,查 F 分布表得 $F_{1-\alpha}(n_1-1, n_2-1)$. 由样本值算出统计量 $F = S_1^2/S_2^2$ 的值 f,若 $f = \dfrac{s_1^2}{s_2^2} < F_{1-\alpha}(n_1-1, n_2-1)$,则拒绝 H_0,否则接受 H_0. 即检验的拒绝域为

$$W = \left\{(x,y): \dfrac{s_1^2}{s_2^2} < F_{1-\alpha}(n_1-1, n_2-1)\right\}$$

2. μ_1, μ_2 已知

当 μ_1, μ_2 已知时,由正态分布的性质知

$$\sum_{i=1}^{n_1} \left(\dfrac{X_i - \mu_1}{\sigma_1}\right)^2 \sim \chi^2(n_1), \quad \sum_{i=1}^{n_2} \left(\dfrac{X_i - \mu_2}{\sigma_2}\right)^2 \sim \chi^2(n_2)$$

且由两样本 $(X_1, X_2, \cdots, X_{n_1})$,$(Y_1, Y_2, \cdots, Y_{n_2})$ 的相互独立知 $\sum_{i=1}^{n_1} \left(\dfrac{X_i - \mu_1}{\sigma_1}\right)^2$ 与 $\sum_{i=1}^{n_2} \left(\dfrac{X_i - \mu_2}{\sigma_2}\right)^2$ 相互独立,因此由 F 分布的定义知

$$\dfrac{\sum_{i=1}^{n_1} \left(\dfrac{X_i - \mu_1}{\sigma_1}\right)^2 / n_1}{\sum_{i=1}^{n_2} \left(\dfrac{X_i - \mu_2}{\sigma_2}\right)^2 / n_2} \sim F(n_1, n_2),$$

特别地当 $\sigma_1^2 = \sigma_2^2$,统计量

$$\dfrac{\sum_{i=1}^{n_1} (X_i - \mu_1)^2 / n_1}{\sum_{i=1}^{n_2} (X_i - \mu_2)^2 / n_2} \sim F(n_1, n_2).$$

基于上式,便可推导出 μ_1, μ_2 已知时,类似于 μ_1, μ_2 未知时两正态总体方差的检验法(参见表 8.3.2)

表 8.3.2　两正态总体方差的检验拒绝域

类型	H_0	H_1	μ_1,μ_2 未知	μ_1,μ_2 已知
1	$\sigma_1^2=\sigma_2^2$	$\sigma_1^2\neq\sigma_2^2$	$\dfrac{s_1^2}{s_2^2}>F_{\alpha/2}(n_1-1,n_2-1)$ 或 $\dfrac{s_1^2}{s_2^2}<F_{1-\alpha/2}(n_1-1,n_2-1)$	$\dfrac{\sum_{i=1}^{n_1}(x_i-\mu_1)^2/n_1}{\sum_{i=1}^{n_2}(x_i-\mu_2)^2/n_2}>F_{\alpha/2}(n_1,n_2)$ 或 $\dfrac{\sum_{i=1}^{n_1}(x_i-\mu_1)^2/n_1}{\sum_{i=1}^{n_2}(x_i-\mu_2)^2/n_2}<F_{1-\alpha/2}(n_1,n_2)$
2	$\sigma_1^2\leqslant\sigma_2^2$	$\sigma_1^2>\sigma_2^2$	$\dfrac{s_1^2}{s_2^2}>F_\alpha(n_1-1,n_2-1)$	$\dfrac{\sum_{i=1}^{n_1}(x_i-\mu_1)^2/n_1}{\sum_{i=1}^{n_2}(x_i-\mu_2)^2/n_2}>F_\alpha(n_1,n_2)$
3	$\sigma_1^2\geqslant\sigma_2^2$	$\sigma_1^2<\sigma_2^2$	$\dfrac{s_1^2}{s_2^2}<F_{1-\alpha}(n_1-1,n_2-1)$	$\dfrac{\sum_{i=1}^{n_1}(x_i-\mu_1)^2/n_1}{\sum_{i=1}^{n_2}(x_i-\mu_2)^2/n_2}<F_{1-\alpha}(n_1,n_2)$

两正态总体方差比的检验法选用的统计量都服从 F 分布,因而称为 F 检验法.

例 8.3.3 两台车床生产同一种滚珠(滚珠直径服从正态分布),从中分别抽取 8 个和 7 个成品,测得滚珠直径如下(单位:mm),试比较两台车床生产的滚珠直径是否有显著差异($\alpha=0.05$).

T_1:85.6　85.9　85.7　85.8　85.7　86.0　85.5　85.4

T_2:86.7　85.7　86.5　85.7　85.8　86.3　86.0

解　设第一台车床生产的滚珠直径 $X\sim N(\mu_1,\sigma_1^2)$,第二台车床生产的滚珠直径 $Y\sim N(\mu_2,\sigma_2^2)$,要检验的是 $H_0:\mu_1=\mu_2,H_1:\mu_1\neq\mu_2$.

由于两总体方差未知,需要首先进行方差的齐性检验,即检验 σ_1^2 和 σ_2^2 无显著差异,然后再检验 μ_1 和 μ_2 是否有显著差异.

已知 $n_1=8,n_2=7$,计算得 $\bar{x}=85.7,\bar{y}=86.1,s_1^2=0.04,s_2^2=0.163$.

为检验 $H_0:\sigma_1^2=\sigma_2^2,H_1:\sigma_1^2\neq\sigma_2^2$.

计算得 $f=\dfrac{s_1^2}{s_2^2}=\dfrac{0.04}{0.163}=0.245$

查表得 $F_{0.025}(7,6) = 5.70, F_{0.975}(7,6) = 0.195$.

因为 $0.195 < 0.245 < 5.70$，接受 H_0，认为两台机床生产的滚珠直径的方差无差异，方差具有齐性.

为检验 $H_0: \mu_1 = \mu_2, H_1: \mu_1 \neq \mu_2$

计算得

$$s_w = \sqrt{\frac{(n_1-1)s_1^2 + (n_2-1)s_2^2}{n_1+n_2-2}} = \sqrt{\frac{7 \times 0.04 + 6 \times 0.163}{8+7-2}} = 0.311$$

$$|t| = \frac{|\bar{x}-\bar{Y}|}{s_w\sqrt{\frac{1}{n_1}+\frac{1}{n_2}}} = \frac{|85.7-86.1|}{0.311\sqrt{(\frac{1}{8}+\frac{1}{7})}} \approx 2.483$$

查表得 $t_{0.025}(13) = 2.160$，因为 $|t| > t_{0.025}(13)$，拒绝 H_0，认为两台机床生产的滚珠直径有显著差异.

§8.4 总体分布假设的 χ^2 检验

前面讨论的假设检验主要是针对正态分布总体进行的. 在实际应用中，总体的分布往往是未知的. 因此，在实际应用中首先要对总体的分布类型进行推断. 本节介绍皮尔逊提出的总体分布类型检验法——χ^2 分布拟合检验，是一种重要的非参数检验方法.

8.4.1 问题的一般提法

设总体 $X \sim F(x), F(x)$ 未知，$X_1, X_2, \cdots, X_n$ 为来自未知总体 X 的样本. 我们要用此样本的观察值 $x_1, x_2, \cdots, x_n$ 来检验假设：

H_0：总体 X 的分布函数 $F(x) = F_0(x)$；

H_1：总体 X 的分布函数 $F(x) \neq F_0(x)$.

其中 $F_0(x)$ 可以是完全已知的分布函数，也可以是已知函数的形式. 注意，若总体 X 为离散型的，则 H_0 相当于

H_0：总体 X 的分布律为 $P(X=x_i) = p_i, i=1,2,\cdots,$

若总体 X 为连续型分布，则 H_0 相当于

H_0：总体 X 的概率密度函数为 $f(x) = f_0(x)$.

在用 χ^2 检验法检验假设 H_0 时，若在假设 H_0 中 $F_0(x)$ 的形式已知，但

含有未知参数,这时需先用极大似然法估计总体的未知参数,然后进行检验.

1. χ^2 检验的基本思想

χ^2 检验是利用样本频数(频率)来检验关于总体分布是否服从某种分布的假设. 将与总体相应的必然事件 Ω 适当分成 k 个互不相容的事件 A_1, $A_2,\cdots,A_k$,且 $\bigcup_{i=1}^{k} A_i = \Omega$. 由样本观察值 $x_1,x_2,\cdots,x_n$ 统计 A_i 出现的实际频率 f_i/n,并在假定 H_0 成立条件下推出概率 $P(A_i)=p_i, i=1,2,\cdots,k$. 这时,根据概率与频率的关系,$A_i$ 的实际频率 f_i/n 与其概率 p_i(从而实际频数 f_i 与理论频数 np_i)应该接近,如果它们差别较大说明假定 H_0 成立有问题,从而拒绝 H_0. 如果没有理由拒绝 H_0,就接受 H_0.

2. χ^2 检验的一般方法

基于上述思想,皮尔逊使用

$$\chi^2 = \sum_{i=1}^{k} \frac{(f_i - np_i)^2}{np_i}$$

作为检验假设 H_0 的统计量,且证明了当 H_0 为真(不论 H_0 中的分布属于何种类型)且 n 充分大($n \geqslant 50$)时,统计量 χ^2 总是近似地服从 $\chi^2(k-r-1)$ 分布,其中 r 是分布函数 $F_0(x)$ 中被估计的参数的个数.

对于给定的显著性水平 α,可查表得 $\chi^2_\alpha(k-r-1)$,再由样本观察值算出统计量 χ^2 值,若 $\chi^2 > \chi^2_\alpha(k-r-1)$,则拒绝原假设 H_0,即认为 $F(x)$ 与 $F_0(x)$ 有显著差异;否则,接受原假设 H_0.

在使用 χ^2 检验时必须注意 n 要足够大,以及 np_i 不太小,根据实践,要求样本容量 $n \geqslant 50$ 且理论频数 $np_i \geqslant 5$,当 $np_i < 5$ 时,要进行并组(合并 A_i),以使每组均有 $np_i \geqslant 5$.

例 8.4.1 生物学家孟德尔在豌豆培养试验中观察黄色圆形种子豌豆与绿色皱纹型种子豌豆杂交得到的不同种类的种子. 这种杂交的可能子代种类是:黄圆、黄皱、绿圆、绿皱. 孟德尔支出,这四类豌豆的个数之比为 9:3:3:1. 他对 556 个豌豆观察到这四类豌豆的个数分别为 315,101,108,32. 现在要在显著性水平 $\alpha = 0.05$ 之下检验孟德尔理论的正确性.

解 H_0:孟德尔理论正确;H_1:孟德尔理论不正确.

用随机变量 X 表示杂交后的豌豆的类型,对可能的四种类型黄圆、黄皱、绿圆、绿皱，X 分别取 $1,2,3,4$. 已知四种类型豌豆的实际频数分别为 $f_1=315, f_2=101, f_3=108, f_4=32$. 记 $p_i=P(X=i), i=1,2,3,4$. 如果孟德尔的理论正确，应有 $p_1=\dfrac{9}{16}, p_2=p_3=\dfrac{3}{16}, p_4=\dfrac{1}{16}$.

计算得 $\chi^2=\sum\limits_{i=1}^{4}\dfrac{(f_i-np_i)^2}{np_i}=0.470$，

查表得 $\chi^2_{0.05}(k-r-1)=\chi^2_{0.05}(3)=7.815$.

因为 $\chi^2<\chi^2_{0.05}(3)$，接受原假设 H_0，即在显著性水平 $\alpha=0.05$ 下接受孟德尔的理论.

  8.4.2 在某盒中放有白球和黑球，现做下面这样的试验：用返回抽样方式从此盒中摸球，直到摸到的是白球为止，记录下抽取的次数，重复如此的试验 100 次，其结果如下：

抽取的次数 i	1	2	3	4	$\geqslant 5$
频数 f_i	43	31	15	6	5

试问该盒中的白球与黑球的个数是否相等（$\alpha=0.05$）.

解 记随机变量 X 表示首次出现白球所需的摸取次数，则 X 服从参数为 p 的几何分布

$$P(X=k)=(1-p)^{k-1}p, k=1,2,\cdots$$

其中 p 表示此盒中任意摸取一球，出现白球的概率.

如果何种白球与黑球的个数相等，此时 $p=\dfrac{1}{2}$，因此记 $F_0(x)$ 为参数 $p=\dfrac{1}{2}$ 时的几何分布 X 的分布函数，则据题意，提出如下检验假设：

H_0：总体 X 的分布函数 $F(x)=F_0(x)$；

H_1：总体 X 的分布函数 $F(x)\neq F_0(x)$.

记 $A_i=(X=i), i=1,2,3,4, A_5=(X\geqslant 5)$，则在 H_0 成立时

$$P(A_1)=P(X=1)=\dfrac{1}{2}=p_1, P(A_2)=P(X=2)=\dfrac{1}{4}=p_2,$$

$$P(A_3)=P(X=3)=\dfrac{1}{8}=p_3, P(A_4)=P(X=4)=\dfrac{1}{16}=p_4,$$

$$P(A_5)=P(X\geqslant 5)=\sum_{k=5}^{\infty}2^{-k}=\dfrac{1}{16}=p_5$$

由表中的数据知,在 100 次试验中,事件 A_i 出现的频数分别为:$f_1 = 43$, $f_2 = 31, f_3 = 15, f_4 = 6, f_5 = 5$,根据以上有关数据计算 χ^2 统计量,

$$\chi^2 = \sum_{i=1}^{5} \frac{(f_i - np_i)^2}{np_i} = \frac{(43-50)^2}{50} + \frac{(31-25)^2}{25} + \frac{(15-12.5)^2}{12.5} + \frac{(6-6.25)^2}{6.25} + \frac{(5-6.25)^2}{6.25} = 3.2$$

对 $\alpha = 0.05$,自由度 $= 5 - 0 - 1 = 4$,查表得 $\chi^2_{0.05}(4) = 9.488$.

现在 $3.2 < 9.488$,因此接受 H_0,认为试验结果与假设无显著差异,即认为盒中的白球与黑球个数相等.

相关阅读

费 马

皮埃尔·德·费马(1601—1665),被誉为"业余数学家之王". 到了 17 世纪,法国的帕斯卡和费马研究了意大利的帕乔里的著作《摘要》,建立了通信联系,从而建立了概率学的基础. 费马考虑到四次赌博可能的结局有 $2 \times 2 \times 2 \times 2 = 16$ 种,除了一种结局即四次赌博都让对手赢以外,其余情况都是第一个赌徒获胜. 费马此时还没有使用概率一词,但他却得出了使第一个赌徒赢得概率是 15/16,即有利情形数与所

有可能情形数的比. 这个条件在组合问题中一般均能满足,例如纸牌游戏,掷银子和从罐子里摸球. 其实,这项研究为概率的数学模型——概率空间的抽象奠定了博弈基础,尽管这种总结到 1933 年才由柯尔莫戈罗夫作出的. 费马和布莱士·帕斯卡在相互通信以及著作中建立了概率论的基本原则——数学期望的概念. 这是从点的数学问题开始的:在一个被假定有同等技巧的博弈者之间,在一个中断的博弈中,如何确定赌金的划分,已知两个博弈者在中断时的得分及在博弈中获胜所需要的分数. 费马这样做出了讨论:一个博弈者 A 需要 4 分获胜,博弈者 B 需要 3 分获胜的情况,这是费马对此种特殊情况的解. 因为显然最多四次就能决定胜负. 一般概率空间的概念,是人们对于

概念的直观想法的彻底公理化. 从纯数学观点看,有限概率空间似乎显得平淡无奇. 但一旦引入了随机变量和数学期望时,它们就成为神奇的世界了. 费马的贡献便在于此.

复习题 8

8.1 某厂生产的零件的直径服从正态分布,以往经验知其标准差为 3.6. 对 $H_0: \mu = 68$; $H_1: \mu \neq 68$. 现按下列方式进行判断: 当 $|\bar{X} - 68| > 1$ 时, 拒绝原假设 H_0, 否则就接受原假设 H_0. 现在抽取 64 件零件进行检验.
(1) 求犯第一类错误的概率 α;
(2) 若实际情况是 $\mu = 70$, 求犯第二类错误的概率 β.

8.2 某车间有一台自动装米机,生产中规定每袋标准重量为 100 斤,设每袋米的重量 $X \sim N(\mu, 9)$. 某天从所包装的米中任意取 16 袋,测得这 16 袋的平均袋重为 98.6 斤. 假设总体的方差未变,问该装米机的工作是否正常($\alpha = 0.05$).

8.3 设某次考试的学生成绩服从正态分布,从中随机抽取 36 位考生的成绩,算得平均成绩 66.5 分,标准差为 15 分. 问在显著性水平 0.05 下,是否可以认为这次考试全体考生的平均成绩为 70 分?

8.4 设某厂生产的一种钢索,其断裂强度 X(kg/cm²) 服从正态分布 $N(\mu, 40^2)$. 从中选取一个容量为 9 的样本, 得 $\bar{x} = 780$ kg/cm². 能否据此认为这批钢索的断裂强度为 800 kg/cm² ($\alpha = 0.05$).

8.5 某食品厂用自动装罐机装罐头食品,每罐重量 500 克,为检查该机器的工作情况,从所装的罐头食品中任意抽取 10 罐,测得重量(单位: 克)如下:
495, 510, 505, 498, 503, 492, 502, 512, 497, 506
假定每个罐头的重量 $X \sim N(\mu, \sigma^2)$, 试在显著性水平 $\alpha = 0.05$ 下检验该装罐机的工作是否正常.

8.6 某地区 5 年前普查时曾经得到 15 岁男孩的平均身高为 1.58 米, 现从该地区随机抽查 36 个 15 岁男孩,测得身高的平均值为 1.61 米,样本标准差 $s = 0.07$ 米设男孩身高服从正态分布,问 5 年来,该地区男孩的平均身高是否有显著变化($\alpha = 0.05$).

8.7 已知某种元件的使用寿命(单位:小时) $X \sim N(\mu, 100^2)$. 按要求,这种元件的使用寿命不得低于 1600 小时才算合格. 今从一批这种元件中随机抽取 49 件, 测得其平均值为 1550 小时. 试问这批元件是否合格($\alpha = 0.05$).

8.8 罐头的细菌含量按规定标准必须小于 60, 现从一批罐头中抽取 36 个, 检验其细菌含量, 经计算得 $\bar{x} = 61.5, s = 0.3$. 假设罐头的细菌含量 X 服从正态分布, 问这批罐头的质量是否符合标准($\alpha = 0.05$).

8.9 从甲、乙两厂生产的钢丝总体 X、Y 中各取 50 截 1 米长的钢丝做拉力强度试验,测得 $\bar{x} = 1208$ kg,$\bar{y} = 1282$ kg,设 $X \sim N(\mu_1, 80^2)$,$Y \sim N(\mu_2, 94^2)$,问甲、乙两厂钢丝的抗拉强度是否有显著差别($\alpha = 0.05$).

8.10 在漂白工艺中考查温度对针织品断裂强度的影响,今在 70 ℃ 和 80 ℃ 的温度时分别做 8 次和 6 次试验,测得各自的断裂强度 X、Y 的观测值,经计算得 $\bar{x} = 20.4$,$\bar{y} = 19.3167$,$s_1^2 = 0.866$,$s_2^2 = 1.0566$. 根据以往的经验,可以认为 X、Y 均服从正态分布,且方差相等. 在给定 $\alpha = 0.1$ 时,问 70 ℃ 和 80 ℃ 时的断裂强度有无显著差异?

8.11 某厂使用 A、B 两种不同的原料生产同一产品,分别在 A、B 一星期的产品中取样进行测试,取 A 种原料生产的样品 220 件,B 种原料生产的样品 205 件,测得平均重量和重量的方差分别为 $\bar{x} = 2.46$ kg,$\bar{y} = 2.55$ kg,$s_1^2 = 0.57^2$,$s_2^2 = 0.48^2$. 假设这两个总体都服从正态分布,且方差相同. 问在显著性水平 $\alpha = 0.05$ 下能否认为使用原料 B 的产品平均重量比使用原料 A 的要大?

8.12 已知小提琴琴弦的强度在正常条件下服从方差 $\sigma_0^2 = 0.044^2$ 的正态分布,某日随机抽取 6 根琴弦,测得其强度为 $1.35, 1.50, 1.56, 1.48, 1.44, 1.53$,问该日琴弦强度的方差仍为 0.044^2($\alpha = 0.05$).

8.13 在第 8.12 题的条件下,问该日琴弦强度的方差是否大于 0.044^2($\alpha = 0.01$).

8.14 某药厂从某中药中提取某种有效成分,为了提高效率,改革提炼方法,现对同一品种的药材,用新、旧两种方法各做了 10 次试验,其得率分别为:

旧方法:

78.1, 72.4, 76.2, 74.3, 77.4, 78.4, 76.0, 75.5, 76.7, 77.3

新方法:

79.1, 81.0, 77.3, 79.1, 80.0, 79.1, 79.1, 77.3, 80.2, 82.1

设这两个样本分别来自正态总体 $N(\mu_1, \sigma_1^2)$,$N(\mu_2, \sigma_2^2)$,并且相互独立. 试问新方法的得率是否比旧方法的得率高?($\alpha = 0.01$).

8.15 用不同方法冶炼某种金属,分别抽样测得其杂质的含量(%)如下:

旧方法:

26.9, 22.8, 25.7, 23.0, 22.3, 24.2, 26.1, 26.4, 27.2, 30.2, 24.5, 29.5, 25.1

新方法:

22.6, 22.5, 20.6, 23.5, 24.3, 21.9, 20.6, 23.2, 23.4

假设在两种方法下杂质含量均服从正态分布. 问在两种冶炼方法下,杂质含量的方差是否相同($\alpha = 0.05$).

8.16 为了对某门课的教学方法进行改革,某大学在各方面情况相似的两个班进行教改实验:甲班 32 人,采用教师面授的教学方法;乙班 25 人,采用教师讲授要点,学生讨论的方法. 一学期后,用统一试卷对两个班的学生进行测试,得到以下结果:甲班平均成绩 $\bar{x}_1 = 80.3$,标准差 $s_1 = 11.9$;乙班平均成绩 $\bar{x}_2 = 86.7$,标准差 $s_2 = 10.2$. 试问两种教学方法的效果是否有显著性差异?($\alpha = 0.05$)

8.17 在某人群中观察 46 个人的健康状况发现,优有 15 个,良有 20 个,差有 11 个.试检验这群人中优、良、差的健康状况是否为均匀分布.

8.18 有人就思想品德课目前的教学形式向 52 名学生征求意见,结果"喜欢"的有 28 人,"无所谓"的有 13 人,"不喜欢"的有 11 人.请问学生对思想品德课的 3 种意见之间差异如何?

8.19 假设六个整数 1,2,3,4,5,6 被随机地选择,重复 60 次独立试验中出现 1,2,3,4,5,6 的次数分别为 13,19,11,8,5,4.问在 $\alpha = 0.05$ 的显著性水平下是否可以认为下列假设成立:$H_0: p(\xi=1) = p(\xi=2) = \cdots = p(\xi=6) = 1/6$.

8.20 随机抽取某校男生 35 名,女生 30 名,进行体育达标考核,结果如下:

性别	体育达标考核	
	通过	未通过
女	15	20
男	16	14

请问体育达标通过是否与性别有关($\alpha = 0.05$).

扫一扫,获取参考答案

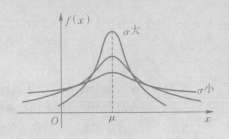

附　表

附表1　泊松分布表

$$1-F(x-1)=\sum_{k=x}^{\infty}\frac{\lambda^k}{k!}\mathrm{e}^{-\lambda}$$

x	$\lambda=0.2$	$\lambda=0.3$	$\lambda=0.4$	$\lambda=0.5$	$\lambda=0.6$
0	1.0000000	1.0000000	1.0000000	1.0000000	1.0000000
1	0.1812692	0.2591818	0.3296800	0.323469	0.451188
2	0.0175231	0.0369363	0.0615519	0.090204	0.121901
3	0.0011485	0.0035995	0.0079263	0.014388	0.023115
4	0.0000568	0.0002658	0.0007763	0.001752	0.003358
5	0.0000023	0.0000158	0.0000612	0.000172	0.000394
6	0.0000001	0.0000008	0.0000040	0.000014	0.000039
7			0.0000002	0.0000001	0.0000003
x	$\lambda=0.7$	$\lambda=0.8$	$\lambda=0.9$	$\lambda=1.0$	$\lambda=1.2$
0	1.0000000	1.0000000	1.0000000	1.0000000	1.0000000
1	0.503415	0.550671	0.593430	0.632121	0.698806
2	0.155805	0.191208	0.227518	0.264241	0.337373
3	0.034142	0.047423	0.062857	0.080301	0.120513
4	0.005753	0.009080	0.013459	0.018988	0.033769
5	0.000786	0.001411	0.002344	0.003660	0.007746
6	0.000090	0.000184	0.000343	0.000594	0.001500
7	0.000009	0.000021	0.000043	0.000083	0.000251
8	0.000001	0.000002	0.000005	0.000010	0.000037
9				0.000001	0.000005
10					0.000001

续附表 1

x	$\lambda=1.4$	$\lambda=1.6$	$\lambda=1.8$	$\lambda=2.0$		
0	1.000000	1.000000	1.000000	1.000000		
1	0.753403	0.798103	0.834701	0.864665		
2	0.408167	0.475069	0.537163	0.593994		
3	0.166502	0.216642	0.269379	0.323323		
4	0.053725	0.078813	0.108708	0.142876		
5	0.014253	0.023682	0.036407	0.052652		
6	0.003201	0.006040	0.010378	0.016563		
7	0.000622	0.001336	0.002569	0.004533		
8	0.000107	0.000260	0.000562	0.001096		
9	0.000016	0.000045	0.000110	0.000237		
10	0.000002	0.000007	0.000019	0.000046		
11		0.000001	0.000003	0.000008		
12				0.000001		
x	$\lambda=2.5$	$\lambda=3.0$	$\lambda=3.5$	$\lambda=4.0$	$\lambda=4.5$	$\lambda=5.0$
0	1.000000	1.000000	1.000000	1.000000	1.000000	1.000000
1	0.917915	0.950213	0.969803	0.981684	0.988891	0.993262
2	0.712703	0.800852	0.864112	0.908422	0.938901	0.959572
3	0.456187	0.576810	0.679153	0.761897	0.826422	0.875348
4	0.242424	0.352768	0.463367	0.566530	0.657704	0.734974
5	0.108822	0.184737	0.274555	0.371163	0.467896	0.559507
6	0.042021	0.083918	0.142386	0.214870	0.297070	0.384039
7	0.014187	0.033509	0.065288	0.110674	0.168949	0.237817
8	0.004247	0.011905	0.026739	0.051134	0.086586	0.133372
9	0.001140	0.003803	0.009874	0.021363	0.040257	0.068094
10	0.000277	0.001102	0.003315	0.008132	0.017093	0.031828
11	0.000062	0.000292	0.001019	0.002840	0.006669	0.013695
12	0.000013	0.000071	0.000289	0.000915	0.002404	0.005453
13	0.000002	0.000016	0.000076	0.000274	0.000805	0.002019
14		0.000003	0.000019	0.000076	0.000252	0.000698
15		0.000001	0.000004	0.000020	0.000074	0.000226
16			0.000001	0.000005	0.000020	0.000069
17				0.000001	0.000005	0.000020
18					0.000001	0.000005
19						0.000001

附表 2 标准正态分布表

$$\Phi(x) = \int_{-\infty}^{x} \frac{1}{\sqrt{2\pi}} e^{-\frac{u^2}{2}} du = P\{X \leqslant x\}$$

x	0.00	0.01	0.02	0.03	0.04	0.05	0.06	0.07	0.08	0.09
0.0	0.5000	0.5040	0.5080	0.5120	0.5160	0.5199	0.5239	0.5279	0.5319	0.5359
0.1	0.5398	0.5438	0.5478	0.5517	0.5557	0.5596	0.5636	0.5675	0.5714	0.5753
0.2	0.5793	0.5832	0.5871	0.5910	0.5948	0.5987	0.6026	0.6064	0.6103	0.6141
0.3	0.6179	0.6217	0.6255	0.6293	0.6331	0.6368	0.6406	0.6443	0.6480	0.6517
0.4	0.6554	0.6591	0.6628	0.6664	0.6700	0.6736	0.6772	0.6808	0.6844	0.6879
0.5	0.6915	0.6950	0.6985	0.7019	0.7054	0.7088	0.7123	0.7157	0.7190	0.7224
0.6	0.7257	0.7291	0.7324	0.7357	0.7389	0.7422	0.7454	0.7486	0.7517	0.7549
0.7	0.7580	0.7611	0.7642	0.7673	0.7703	0.7734	0.7764	0.7794	0.7823	0.7582
0.8	0.7881	0.7910	0.7939	0.7967	0.7995	0.8023	0.8051	0.8078	0.8106	0.8133
0.9	0.8159	0.8186	0.8212	0.8238	0.8264	0.8289	0.8315	0.8340	0.8365	0.8389
1.0	0.8413	0.8438	0.8461	0.8485	0.8508	0.8531	0.8554	0.8577	0.8599	0.8621
1.1	0.8643	0.8665	0.8686	0.8708	0.8729	0.8749	0.8770	0.8790	0.8810	0.8830
1.2	0.8849	0.8869	0.8888	0.8907	0.8925	0.8944	0.8962	0.8980	0.8997	0.9015
1.3	0.9032	0.9049	0.9066	0.9082	0.9099	0.9115	0.9131	0.9147	0.9162	0.9177
1.4	0.9192	0.9207	0.9222	0.9236	0.9251	0.9265	0.9278	0.9292	0.9306	0.9319
1.5	0.9332	0.9345	0.9357	0.9370	0.9382	0.9394	0.9406	0.9418	0.9430	0.9441
1.6	0.9452	0.9463	0.9474	0.9484	0.9495	0.9505	0.9515	0.9525	0.9535	0.9545
1.7	0.9554	0.9564	0.9573	0.9582	0.9591	0.9599	0.9608	0.9616	0.9625	0.9633
1.8	0.9641	0.9648	0.9656	0.9664	0.9671	0.9678	0.9686	0.9693	0.9700	0.9706
1.9	0.9713	0.9719	0.9726	0.9732	0.9738	0.9744	0.9750	0.9756	0.9762	0.9767
2.0	0.9772	0.9778	0.9783	0.9788	0.9793	0.9798	0.9803	0.9808	0.9812	0.9817
2.1	0.9821	0.9826	0.9830	0.9834	0.9838	0.9842	0.9846	0.9850	0.9854	0.9857
2.2	0.9861	0.9864	0.9868	0.9871	0.9874	0.9878	0.9881	0.9884	0.9887	0.9890
2.3	0.9893	0.9896	0.9898	0.9901	0.9904	0.9906	0.9909	0.9911	0.9913	0.9916
2.4	0.9918	0.9920	0.9922	0.9925	0.9927	0.9929	0.9931	0.9932	0.9934	0.9936
2.5	0.9938	0.9940	0.9941	0.9943	0.9945	0.9946	0.9948	0.9949	0.9951	0.9952
2.6	0.9953	0.9955	0.9956	0.9957	0.9959	0.9960	0.9961	0.9962	0.9963	0.9964
2.7	0.9965	0.9966	0.9967	0.9968	0.9969	0.9970	0.9971	0.9972	0.9973	0.9974
2.8	0.9974	0.9975	0.9976	0.9977	0.9977	0.9978	0.9979	0.9979	0.9980	0.9981
2.9	0.9981	0.9982	0.9982	0.9983	0.9984	0.9984	0.9985	0.9985	0.9986	0.9986
3.0	0.9987	0.9990	0.9993	0.9995	0.9997	0.9998	0.9998	0.9999	0.9999	1.0000

注：表中末行系函数值 $\Phi(3.0), \Phi(3.1), \cdots, \Phi(3.9)$.

附表 3 χ^2 分布上侧分位数表

$$(P\{\chi^2(n) > \chi^2_\alpha(n)\} = \alpha)$$

n \ α	0.995	0.99	0.975	0.95	0.90	0.75	0.50	0.25	0.10	0.05	0.025	0.01	0.005
1	0.00004	0.00016	0.001	0.004	0.016	0.102	0.455	1.323	2.706	3.841	5.024	6.635	7.879
2	0.010	0.020	0.051	0.103	0.211	0.575	1.386	2.773	4.605	5.991	7.378	9.210	10.597
3	0.072	0.115	0.216	0.352	0.584	1.213	2.366	4.108	6.251	7.815	9.348	11.345	12.838
4	0.207	0.297	0.484	0.711	1.064	1.923	3.357	5.385	7.779	9.488	11.143	13.277	14.860
5	0.412	0.554	0.831	1.145	1.610	2.675	4.351	6.626	9.236	11.070	12.833	15.086	16.750
6	0.676	0.872	1.237	1.635	2.204	3.455	5.348	7.841	10.645	12.592	14.449	16.812	18.548
7	0.989	1.239	1.690	2.167	2.833	4.255	6.346	9.037	12.017	14.067	16.013	18.475	20.278
8	1.344	1.646	2.180	2.733	3.490	5.071	7.344	10.219	13.362	15.507	17.535	20.090	21.955
9	1.735	2.088	2.700	3.325	4.168	5.899	8.343	11.389	14.684	16.919	19.023	21.666	23.589
10	2.156	2.558	3.247	3.940	4.865	6.737	9.342	12.549	15.987	18.307	20.483	23.209	25.188
11	2.603	3.053	3.816	4.575	5.578	7.584	10.341	13.701	17.275	19.675	21.920	24.725	26.757
12	3.074	3.571	4.404	5.226	6.304	8.438	11.340	14.845	18.549	21.026	23.337	26.217	28.300
13	3.565	4.107	5.009	5.892	7.042	9.299	12.340	15.984	19.812	22.362	24.736	27.688	29.819
14	4.075	4.660	5.629	6.571	7.790	10.165	13.339	17.117	21.064	23.685	26.119	29.141	31.319
15	4.601	5.229	6.262	7.261	8.547	11.037	14.339	18.245	22.307	24.996	27.488	30.578	32.801
16	5.142	5.812	6.908	7.962	9.312	11.912	15.338	19.369	23.542	26.296	28.845	32.000	34.267
17	5.697	6.408	7.564	8.672	10.085	12.792	16.338	20.489	24.769	27.587	30.191	33.409	35.718
18	6.265	7.015	8.231	9.390	10.865	13.675	17.338	21.605	25.989	28.869	31.526	34.805	37.156
19	6.844	7.633	8.907	10.117	11.651	14.562	18.338	22.718	27.204	30.144	32.852	36.191	38.582
20	7.434	8.260	9.591	10.851	12.443	15.452	19.337	23.828	28.412	31.410	34.170	37.566	39.997
21	8.034	8.897	10.283	11.591	13.240	16.344	20.337	24.935	29.615	32.671	35.479	38.932	41.401
22	8.643	9.542	10.982	12.338	14.041	17.240	21.337	26.039	30.813	33.924	36.781	40.289	42.796
23	9.260	10.196	11.689	13.091	14.848	18.137	22.337	27.141	32.007	35.172	38.076	41.638	44.181
24	9.886	10.856	12.401	13.848	15.659	19.037	23.337	28.241	33.196	36.415	39.364	42.980	45.559
25	10.520	11.524	13.120	14.611	16.473	19.939	24.337	29.339	34.382	37.652	40.646	44.314	46.928

续附表 3

n \ α	0.995	0.99	0.975	0.95	0.90	0.75	0.50	0.25	0.10	0.05	0.025	0.01	0.005
26	11.160	12.198	13.844	15.379	17.292	20.843	25.336	30.435	35.563	38.885	41.923	45.642	48.290
27	11.808	12.879	14.573	16.151	18.114	21.749	26.336	31.528	36.741	40.113	43.195	46.963	49.645
28	12.461	13.565	15.308	16.928	18.939	22.657	27.336	32.620	37.916	41.337	44.461	48.278	50.993
29	13.121	14.256	16.047	17.708	19.768	23.567	28.336	33.711	39.087	42.557	45.722	49.588	52.336
30	13.787	14.953	16.791	18.493	20.599	24.478	29.336	34.800	40.256	43.773	46.979	50.892	53.672
31	14.458	15.655	17.539	19.281	21.434	25.390	30.336	35.887	41.422	44.985	48.232	52.191	55.003
32	15.134	16.362	18.291	20.072	22.271	26.304	31.336	36.973	42.585	46.194	49.480	53.486	56.328
33	15.815	17.074	19.047	20.867	23.110	27.219	32.336	38.058	43.745	47.400	50.725	54.776	57.648
34	16.501	17.789	19.806	21.664	23.952	28.136	33.336	39.141	44.903	48.602	51.966	56.061	58.964
35	17.192	18.509	20.569	22.465	24.797	29.054	34.336	40.223	46.059	49.802	53.203	57.342	60.275
36	17.887	19.233	21.336	23.269	25.643	29.973	35.336	41.304	47.212	50.998	54.437	58.619	61.581
37	18.586	19.960	22.106	24.075	26.492	30.893	36.336	42.383	48.363	52.192	55.668	59.893	62.883
38	19.289	20.691	22.878	24.884	27.343	31.815	37.335	43.462	49.513	53.384	56.896	61.162	64.181
39	19.996	21.426	23.654	25.695	28.196	32.737	38.335	44.539	50.660	54.572	58.120	62.428	65.476
40	20.707	22.164	24.433	26.509	29.051	33.660	39.335	45.616	51.805	55.758	59.342	63.691	66.766
41	21.421	22.906	25.215	27.326	29.907	34.585	40.335	46.692	52.949	56.942	60.561	64.950	68.053
42	22.138	23.650	25.999	28.144	30.765	35.510	41.335	47.766	54.090	58.124	61.777	66.206	69.336
43	22.859	24.398	26.785	28.965	31.625	36.436	42.335	48.840	55.230	59.304	62.990	67.459	70.616
44	23.584	25.148	27.575	29.787	32.487	37.363	43.335	49.913	56.369	60.481	64.201	68.710	71.893
45	24.311	25.901	28.366	30.612	33.350	38.291	44.335	50.985	57.505	61.656	65.410	69.957	73.166
46	25.041	26.657	29.160	31.439	34.215	39.220	45.335	52.056	58.641	62.830	66.617	71.201	74.437
47	25.775	27.416	29.956	32.268	35.081	40.149	46.335	53.127	59.774	64.001	67.821	72.443	75.704
48	26.511	28.177	30.755	33.098	35.949	41.079	47.335	54.196	60.907	65.171	69.023	73.683	76.969
49	27.249	28.941	31.555	33.930	36.818	42.010	48.335	55.265	62.038	66.339	70.222	74.919	78.231
50	27.991	29.707	32.357	34.764	37.689	42.942	49.335	56.334	63.167	67.505	71.420	76.154	79.490

附表 4 t 分布表

$$P\{t(n) > t_\alpha(n)\} = \alpha$$

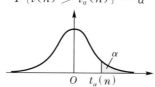

n	$\alpha=0.25$	$\alpha=0.10$	$\alpha=0.05$	$\alpha=0.025$	$\alpha=0.01$	$\alpha=0.005$
1	1.0000	3.0777	6.3138	12.7062	31.8207	63.6574
2	0.8165	1.8856	2.9200	4.3027	6.9646	9.9248
3	0.7649	1.6377	2.3534	3.1824	4.5407	5.8409
4	0.7407	1.5332	2.1318	2.7764	3.7469	4.6041
5	0.7267	1.4759	2.0150	2.5706	3.3649	4.0322
6	0.7176	1.4398	1.9432	2.4469	3.1427	3.7074
7	0.7111	1.4149	1.8946	2.3646	2.9980	3.4995
8	0.7064	1.3968	1.8595	2.3060	2.8965	3.3554
9	0.7027	1.3830	1.8331	2.2622	2.8214	3.2498
10	0.6998	1.3722	1.8125	2.2281	2.7638	3.1693
11	0.6974	1.3634	1.7959	2.2010	2.7181	3.1058
12	0.6955	1.3562	1.7823	2.1788	2.6810	3.0545
13	0.6938	1.3502	1.7709	2.1604	2.6503	3.0123
14	0.6924	1.3450	1.7613	2.1448	2.6245	2.9768
15	0.6912	1.3406	1.7531	2.1315	2.6025	2.9467
16	0.6901	1.3368	1.7459	2.1199	2.5835	2.9208
17	0.6892	1.3334	1.7396	2.1098	2.5669	2.8982
18	0.6884	1.3304	1.7341	2.1009	2.5524	2.8784
19	0.6876	1.3277	1.7291	2.0930	2.5395	2.8609
20	0.6870	1.3253	1.7247	2.0860	2.5280	2.8453

续附表 4

n	$\alpha=0.25$	$\alpha=0.10$	$\alpha=0.05$	$\alpha=0.025$	$\alpha=0.01$	$\alpha=0.005$
21	0.6864	1.3232	1.7207	2.0796	2.5177	2.8314
22	0.6858	1.3212	1.7171	2.0739	2.5083	2.8188
23	0.6853	1.3195	1.7139	2.0687	2.4999	2.8073
24	0.6848	1.3178	1.7109	2.0639	2.4922	2.7969
25	0.6844	1.3163	1.7081	2.0595	2.4851	2.7874
26	0.6840	1.3150	1.7058	2.0555	2.4786	2.7787
27	0.6837	1.3137	1.7033	2.0518	2.4727	2.7707
28	0.6834	1.3125	1.7011	2.0484	2.4671	2.7633
29	0.6830	1.3114	1.6991	2.0452	2.4620	2.7564
30	0.6828	1.3104	1.6973	2.0423	2.4573	2.7500
31	0.6825	1.3095	1.6955	2.0395	2.4528	2.7440
32	0.6822	1.3086	1.6939	2.0369	2.4487	2.7385
33	0.6820	1.3077	1.6924	2.0345	2.4448	2.7333
34	0.6818	1.3070	1.6909	2.0322	2.4411	2.7284
35	0.6816	1.3062	1.6896	2.0301	2.4377	2.7238
36	0.6814	1.3055	1.6883	2.0281	2.4345	2.7195
37	0.6812	1.3049	1.6871	2.0262	2.4314	2.7154
38	0.6810	1.3042	1.6860	2.0244	2.4286	2.7116
39	0.6808	1.3036	1.6849	2.0227	2.4258	2.7079
40	0.6807	1.3031	1.6839	2.0211	2.4233	2.7045
41	0.6805	1.3025	1.6829	2.0195	2.4208	2.7012
42	0.6804	1.3020	1.6820	2.0181	2.4185	2.6981
43	0.6802	1.3016	1.6811	2.0167	2.4163	2.6951
44	0.6801	1.3011	1.6802	2.0154	2.4141	2.6923
45	0.6800	1.3006	1.6794	2.0141	2.4121	2.6806

附表 5 F 分布表

$$P\{F(m,n) > F_\alpha(m,n)\} = \alpha$$

$\alpha = 0.10$

n\m	1	2	3	4	5	6	7	8	9	10	12	15	20	24	30	40	60	120	∞
1	39.86	49.50	53.59	55.83	57.24	58.20	58.91	59.44	59.86	60.19	60.71	61.22	61.74	62.00	62.26	62.53	62.79	63.06	63.33
2	8.53	9.00	9.16	9.24	9.29	9.33	9.35	9.37	9.38	9.39	9.41	9.42	9.44	9.45	9.46	9.47	9.47	9.48	9.49
3	5.54	5.46	5.39	5.34	5.31	5.28	5.27	5.25	5.24	5.23	5.22	5.20	5.18	5.18	5.17	5.16	5.15	5.14	5.13
4	4.54	4.32	4.19	4.11	4.05	4.01	3.98	3.95	3.94	3.92	3.90	3.87	3.84	3.83	3.82	3.80	3.79	3.78	3.76
5	4.06	3.78	3.62	3.52	3.45	3.40	3.37	3.34	3.32	3.30	3.27	3.24	3.21	3.19	3.17	3.16	3.14	3.12	3.10
6	3.78	3.46	3.29	3.18	3.11	3.05	3.01	2.98	2.96	2.94	2.90	2.87	2.84	2.82	2.80	2.78	2.76	2.74	2.72
7	3.59	3.26	3.07	2.96	2.88	2.83	2.78	2.75	2.72	2.70	2.67	2.63	2.59	2.58	2.56	2.54	2.51	2.49	2.47
8	3.46	3.11	2.92	2.81	2.73	2.67	2.62	2.59	2.56	2.54	2.50	2.46	2.42	2.40	2.38	2.36	2.34	2.32	2.29
9	3.36	3.01	2.81	2.69	2.61	2.55	2.51	2.47	2.44	2.42	2.38	2.34	2.30	2.28	2.25	2.23	2.21	2.18	2.16
10	3.29	2.92	2.73	2.61	2.52	2.46	2.41	2.38	2.35	2.32	2.28	2.24	2.20	2.18	2.16	2.13	2.11	2.08	2.06
11	3.23	2.86	2.66	2.54	2.45	2.39	2.34	2.30	2.27	2.25	2.21	2.17	2.12	2.10	2.08	2.05	2.03	2.00	1.97
12	3.18	2.81	2.61	2.48	2.39	2.33	2.28	2.24	2.21	2.19	2.15	2.10	2.06	2.04	2.01	1.99	1.96	1.93	1.90
13	3.14	2.76	2.56	2.43	2.35	2.28	2.23	2.20	2.16	2.14	2.10	2.05	2.01	1.98	1.96	1.93	1.90	1.88	1.85
14	3.10	2.73	2.52	2.39	2.31	2.24	2.19	2.15	2.12	2.10	2.05	2.01	1.96	1.94	1.91	1.89	1.86	1.83	1.80
15	3.07	2.70	2.49	2.36	2.27	2.21	2.16	2.12	2.09	2.06	2.02	1.97	1.92	1.90	1.87	1.85	1.82	1.79	1.76
16	3.05	2.67	2.46	2.33	2.24	2.18	2.13	2.09	2.06	2.03	1.99	1.94	1.89	1.87	1.84	1.81	1.78	1.75	1.72
17	3.03	2.64	2.44	2.31	2.22	2.15	2.10	2.06	2.03	2.00	1.96	1.91	1.86	1.84	1.81	1.78	1.75	1.72	1.69
18	3.01	2.62	2.42	2.29	2.20	2.13	2.08	2.04	2.00	1.98	1.93	1.89	1.84	1.81	1.78	1.75	1.72	1.69	1.66
19	2.99	2.61	2.40	2.27	2.18	2.11	2.06	2.02	1.98	1.96	1.91	1.86	1.81	1.79	1.76	1.73	1.70	1.67	1.63

续附表 5

$\alpha = 0.10$

n \ m	1	2	3	4	5	6	7	8	9	10	12	15	20	24	30	40	60	120	∞
20	2.97	2.59	2.38	2.25	2.16	2.09	2.04	2.00	1.96	1.94	1.89	1.84	1.79	1.77	1.74	1.71	1.68	1.64	1.61
21	2.96	2.57	2.36	2.23	2.14	2.08	2.02	1.98	1.95	1.92	1.87	1.83	1.78	1.75	1.72	1.69	1.66	1.62	1.59
22	2.95	2.56	2.35	2.22	2.13	2.06	2.01	1.97	1.93	1.90	1.86	1.81	1.76	1.73	1.70	1.67	1.64	1.60	1.57
23	2.94	2.55	2.34	2.21	2.11	2.05	1.99	1.95	1.92	1.89	1.84	1.80	1.74	1.72	1.69	1.66	1.62	1.59	1.55
24	2.93	2.54	2.33	2.19	2.10	2.04	1.98	1.94	1.91	1.88	1.83	1.78	1.73	1.70	1.67	1.64	1.61	1.57	1.53
25	2.92	2.53	2.32	2.18	2.09	2.02	1.97	1.93	1.89	1.87	1.82	1.77	1.72	1.69	1.66	1.63	1.59	1.56	1.52
26	2.91	2.52	2.31	2.17	2.08	2.01	1.96	1.92	1.88	1.86	1.81	1.76	1.71	1.68	1.65	1.61	1.58	1.54	1.50
27	2.90	2.51	2.30	2.17	2.07	2.00	1.95	1.91	1.87	1.85	1.80	1.75	1.70	1.67	1.64	1.60	1.57	1.53	1.49
28	2.89	2.50	2.29	2.16	2.06	2.00	1.94	1.90	1.87	1.84	1.79	1.74	1.69	1.66	1.63	1.59	1.56	1.52	1.48
29	2.89	2.50	2.28	2.15	2.06	1.99	1.93	1.89	1.86	1.83	1.78	1.73	1.68	1.65	1.62	1.58	1.55	1.51	1.47
30	2.88	2.49	2.28	2.14	2.05	1.98	1.93	1.88	1.85	1.82	1.77	1.72	1.67	1.64	1.61	1.57	1.54	1.50	1.46
40	2.84	2.44	2.23	2.09	2.00	1.93	1.87	1.83	1.79	1.76	1.71	1.66	1.61	1.57	1.54	1.51	1.47	1.42	1.38
60	2.79	2.39	2.18	2.04	1.95	1.87	1.82	1.77	1.74	1.71	1.66	1.60	1.54	1.51	1.48	1.44	1.40	1.35	1.29
120	2.75	2.35	2.13	1.99	1.90	1.82	1.77	1.72	1.68	1.65	1.60	1.55	1.48	1.45	1.41	1.37	1.32	1.26	1.19
∞	2.71	2.30	2.08	1.94	1.85	1.77	1.72	1.67	1.63	1.60	1.55	1.49	1.42	1.38	1.34	1.30	1.24	1.17	1.00

$\alpha = 0.05$

n \ m	1	2	3	4	5	6	7	8	9	10	12	15	20	24	30	40	60	120	∞
1	161.4	199.5	215.7	224.6	230.2	234.0	236.8	238.9	240.5	241.9	243.9	245.9	248.0	249.1	250.1	251.1	252.2	253.3	254.3
2	18.51	19.00	19.16	19.25	19.30	19.33	19.35	19.37	19.38	19.40	19.41	19.43	19.45	19.45	19.46	19.47	19.48	19.49	19.50
3	10.13	9.55	9.28	9.12	9.01	8.94	8.89	8.85	8.81	8.79	8.74	8.70	8.66	8.64	8.62	8.59	8.57	8.55	8.53
4	7.71	6.94	6.59	6.39	6.26	6.16	6.09	6.04	6.00	5.96	5.91	5.86	5.80	5.77	5.75	5.72	5.69	5.66	5.63
5	6.61	5.79	5.41	5.19	5.05	4.95	4.88	4.82	4.77	4.74	4.68	4.62	4.56	4.53	4.50	4.46	4.43	4.40	4.36
6	5.99	5.14	4.76	4.53	4.39	4.28	4.21	4.15	4.10	4.06	4.00	3.94	3.87	3.84	3.81	3.77	3.74	3.70	3.67
7	5.59	4.74	4.35	4.12	3.97	3.87	3.79	3.73	3.68	3.64	3.57	3.51	3.44	3.41	3.38	3.34	3.30	3.27	3.23
8	5.32	4.46	4.07	3.84	3.69	3.58	3.50	3.44	3.39	3.35	3.28	3.22	3.15	3.12	3.08	3.04	3.01	2.97	2.93
9	5.12	4.26	3.86	3.63	3.48	3.37	3.29	3.23	3.18	3.14	3.07	3.01	2.94	2.90	2.86	2.83	2.79	2.75	2.71

续附表 5

$\alpha = 0.15$

m\n	1	2	3	4	5	6	7	8	9	10	12	15	20	24	30	40	60	120	∞
10	4.96	4.10	3.71	3.48	3.33	3.22	3.14	3.07	3.02	2.98	2.91	2.85	2.77	2.74	2.70	2.66	2.62	2.58	2.54
11	4.84	3.98	3.59	3.36	3.20	3.09	3.01	2.95	2.90	2.85	2.79	2.72	2.65	2.61	2.57	2.53	2.49	2.45	2.40
12	4.75	3.89	3.49	3.26	3.11	3.00	2.91	2.85	2.80	2.75	2.69	2.62	2.54	2.51	2.47	2.43	2.38	2.34	2.30
13	4.67	3.81	3.41	3.18	3.03	2.92	2.83	2.77	2.71	2.67	2.60	2.53	2.46	2.42	2.38	2.34	2.30	2.25	2.21
14	4.60	3.74	3.34	3.11	2.96	2.85	2.76	2.70	2.65	2.60	2.53	2.46	2.39	2.35	2.31	2.27	2.22	2.18	2.13
15	4.54	3.68	3.29	3.06	2.90	2.79	2.71	2.64	2.59	2.54	2.48	2.40	2.33	2.29	2.25	2.20	2.16	2.11	2.07
16	4.49	3.63	3.24	3.01	2.85	2.74	2.66	2.59	2.54	2.49	2.42	2.35	2.28	2.24	2.19	2.15	2.11	2.06	2.01
17	4.45	3.59	3.20	2.96	2.81	2.70	2.61	2.55	2.49	2.45	2.38	2.31	2.23	2.19	2.15	2.10	2.06	2.01	1.96
18	4.41	3.55	3.16	2.93	2.77	2.66	2.58	2.51	2.46	2.41	2.34	2.27	2.19	2.15	2.11	2.06	2.02	1.97	1.92
19	4.38	3.52	3.13	2.90	2.74	2.63	2.54	2.48	2.42	2.38	2.31	2.23	2.16	2.11	2.07	2.03	1.98	1.93	1.88
20	4.35	3.49	3.10	2.87	2.71	2.60	2.51	2.45	2.39	2.35	2.28	2.20	2.12	2.08	2.04	1.99	1.95	1.90	1.84
21	4.32	3.47	3.07	2.84	2.68	2.57	2.49	2.42	2.37	2.32	2.25	2.18	2.10	2.05	2.01	1.96	1.92	1.87	1.81
22	4.30	3.44	3.05	2.82	2.66	2.55	2.46	2.40	2.34	2.30	2.23	2.15	2.07	2.03	1.98	1.94	1.89	1.84	1.78
23	4.28	3.42	3.03	2.80	2.64	2.53	2.44	2.37	2.32	2.27	2.20	2.13	2.05	2.01	1.96	1.91	1.86	1.81	1.76
24	4.26	3.40	3.01	2.78	2.62	2.51	2.42	2.36	2.30	2.25	2.18	2.11	2.03	1.98	1.94	1.89	1.84	1.79	1.73
25	4.24	3.39	2.99	2.76	2.60	2.49	2.40	2.34	2.28	2.24	2.16	2.09	2.01	1.96	1.92	1.87	1.82	1.77	1.71
26	4.23	3.37	2.98	2.74	2.59	2.47	2.39	2.32	2.27	2.22	2.15	2.07	1.99	1.95	1.90	1.85	1.80	1.75	1.69
27	4.21	3.35	2.96	2.73	2.57	2.46	2.37	2.31	2.25	2.20	2.13	2.06	1.97	1.93	1.88	1.84	1.79	1.73	1.67
28	4.20	3.34	2.95	2.71	2.56	2.45	2.36	2.29	2.24	2.19	2.12	2.04	1.96	1.91	1.87	1.82	1.77	1.71	1.65
29	4.18	3.33	2.93	2.70	2.55	2.43	2.35	2.28	2.22	2.18	2.10	2.03	1.94	1.90	1.85	1.81	1.75	1.70	1.64
30	4.17	3.32	2.92	2.69	2.53	2.42	2.33	2.27	2.21	2.16	2.09	2.01	1.93	1.89	1.84	1.79	1.74	1.68	1.62
40	4.08	3.23	2.84	2.61	2.45	2.34	2.25	2.18	2.12	2.08	2.00	1.92	1.84	1.79	1.74	1.69	1.64	1.58	1.51
60	4.00	3.15	2.76	2.53	2.37	2.25	2.17	2.10	2.04	1.99	1.92	1.84	1.75	1.70	1.65	1.59	1.53	1.47	1.39
120	3.92	3.07	2.68	2.45	2.29	2.17	2.09	2.02	1.96	1.91	1.83	1.75	1.66	1.61	1.55	1.50	1.43	1.35	1.25
∞	3.84	3.00	2.60	2.37	2.21	2.10	2.01	1.94	1.88	1.83	1.75	1.67	1.57	1.52	1.46	1.39	1.32	1.22	1.00

续附表 5

$\alpha = 0.025$

m\n	1	2	3	4	5	6	7	8	9	10	12	15	20	24	30	40	60	120	∞
1	647.8	799.5	864.2	899.6	921.8	937.1	948.2	956.7	963.3	968.6	976.7	984.9	993.1	997.2	1001	1006	1010	1014	1018
2	38.51	39.00	39.17	39.25	39.30	39.33	39.36	39.37	39.39	39.40	39.41	39.43	39.45	39.46	39.46	39.47	39.48	39.40	39.50
3	17.44	16.04	15.44	15.10	14.88	14.73	14.62	14.54	14.47	14.42	14.34	14.25	14.17	14.12	14.08	14.04	13.99	13.95	13.90
4	12.22	10.65	9.98	9.60	9.36	9.20	9.07	8.98	8.90	8.84	8.75	8.66	8.56	8.51	8.46	8.41	8.36	8.31	8.26
5	10.01	8.43	7.76	7.39	7.15	6.98	6.85	6.76	6.68	6.62	6.52	6.43	6.33	6.28	6.23	6.18	6.12	6.07	6.02
6	8.81	7.26	6.60	6.23	5.99	5.82	5.70	5.60	5.52	5.46	5.37	5.27	5.17	5.12	5.07	5.01	4.96	4.90	4.85
7	8.07	6.54	5.89	5.52	5.29	5.12	4.99	4.90	4.82	4.76	4.67	4.57	4.47	4.42	4.36	4.31	4.25	4.20	4.14
8	7.57	6.06	5.42	5.05	4.82	4.65	4.53	4.43	4.36	4.30	4.20	4.10	4.00	3.95	3.89	3.84	3.78	3.73	3.67
9	7.21	5.71	5.08	4.72	4.48	4.23	4.20	4.10	4.03	3.96	3.87	3.77	3.67	3.61	3.56	3.51	3.45	3.39	3.33
10	6.94	5.46	4.83	4.47	4.24	4.07	3.95	3.85	3.78	3.72	3.62	3.52	3.42	3.37	3.31	3.26	3.20	3.14	3.08
11	6.72	5.26	4.63	4.28	4.04	3.88	3.76	3.66	3.59	3.53	3.43	3.33	3.23	3.17	3.12	3.06	3.00	2.94	2.88
12	6.55	5.10	4.47	4.12	3.89	3.73	3.61	3.51	3.44	3.37	3.28	3.18	3.07	3.02	2.96	2.91	2.85	2.79	2.72
13	6.41	4.97	4.35	4.00	3.77	3.60	3.48	3.39	3.31	3.25	3.15	3.05	2.95	2.89	2.84	2.78	2.72	2.66	2.60
14	6.30	4.86	4.24	3.89	3.66	3.50	3.38	3.29	3.21	3.15	3.05	2.95	2.84	2.79	2.73	2.67	2.61	2.55	2.49
15	6.20	4.77	4.15	3.80	3.58	3.41	3.29	3.20	3.12	3.06	2.96	2.86	2.76	2.70	2.64	2.59	2.52	2.46	2.40
16	6.12	4.69	4.08	3.73	3.50	3.34	3.22	3.12	3.05	2.99	2.89	2.79	2.68	2.63	2.57	2.51	2.45	2.38	2.32
17	6.04	4.62	4.01	3.66	3.44	3.28	3.16	3.06	2.98	2.92	2.82	2.72	2.62	2.56	2.50	2.44	2.38	2.32	2.25
18	5.98	4.56	3.95	3.61	3.38	3.22	3.10	3.01	2.93	2.87	2.77	2.67	2.56	2.50	2.44	2.38	2.32	2.26	2.19
19	5.92	4.51	3.90	3.56	3.33	3.17	3.05	2.96	2.88	2.82	2.72	2.62	2.51	2.45	2.39	2.33	2.27	2.20	2.13
20	5.87	4.46	3.86	3.51	3.29	3.13	3.01	2.91	2.84	2.77	2.68	2.57	2.46	2.41	2.35	2.29	2.22	2.16	2.09
21	5.83	4.42	3.82	3.48	3.25	3.09	2.97	2.87	2.80	2.73	2.64	2.53	2.42	2.37	2.31	2.25	2.18	2.11	2.04
22	5.79	4.38	3.78	3.44	3.22	3.05	2.93	2.84	2.76	2.70	2.60	2.50	2.39	2.33	2.27	2.21	2.14	2.08	2.00
23	5.75	4.35	3.75	3.41	3.18	3.02	2.90	2.81	2.73	2.67	2.57	2.47	2.36	2.30	2.24	2.18	2.11	2.04	1.97
24	5.72	4.32	3.72	3.38	3.15	2.99	2.87	2.78	2.70	2.64	2.54	2.44	2.33	2.27	2.21	2.15	2.08	2.01	1.94

续附表 5

$\alpha=0.025$

m\n	1	2	3	4	5	6	7	8	9	10	12	15	20	24	30	40	60	120	∞
25	5.69	4.29	3.69	3.35	3.13	2.97	2.85	2.75	2.68	2.61	2.51	2.41	2.30	2.24	2.18	2.12	2.05	1.98	1.91
26	5.66	4.27	3.67	3.33	3.10	2.94	2.82	2.73	2.65	2.59	2.49	2.39	2.28	2.22	2.16	2.09	2.03	1.95	1.88
27	5.63	4.24	3.65	3.31	3.08	2.92	2.80	2.71	2.63	2.57	2.47	2.36	2.25	2.19	2.13	2.07	2.00	1.93	1.85
28	5.61	4.22	3.63	3.29	3.06	2.90	2.78	2.69	2.61	2.55	2.45	2.34	2.23	2.17	2.11	2.05	1.98	1.91	1.83
29	5.59	4.20	3.61	3.27	3.04	2.88	2.76	2.67	2.59	2.53	2.43	2.32	2.21	2.15	2.09	2.03	1.96	1.89	1.81
30	5.57	4.18	3.59	3.25	3.03	2.87	2.75	2.65	2.57	2.51	2.41	2.31	2.20	2.14	2.07	2.01	1.94	1.87	1.79
40	5.42	4.05	3.46	3.13	2.90	2.74	2.62	2.53	2.45	2.39	2.29	2.18	2.07	2.01	1.94	1.88	1.80	1.72	1.64
60	5.29	3.93	3.34	3.01	2.79	2.63	2.51	2.41	2.33	2.27	3.17	2.06	1.94	1.88	1.82	1.74	1.67	1.58	1.48
120	5.15	3.80	3.23	2.89	2.67	2.52	2.39	2.30	2.22	2.16	2.05	1.94	1.82	1.76	1.69	1.61	1.53	1.43	1.31
∞	5.02	3.69	3.12	2.79	2.57	2.41	2.29	2.19	2.11	2.05	1.94	1.83	1.71	1.64	1.57	1.48	1.39	1.27	1.00

$\alpha=0.01$

m\n	1	2	3	4	5	6	7	8	9	10	12	15	20	24	30	40	60	120	∞
1	4052	4999.5	5403	5625	5764	5859	5928	5982	6022	6056	6106	6157	6209	6235	6261	6287	6313	6339	6366
2	98.50	99.00	99.17	99.25	99.30	99.33	99.36	99.37	99.39	99.40	99.42	99.43	99.45	99.46	99.47	99.47	99.48	99.49	99.50
3	34.12	30.82	29.46	28.71	28.24	27.91	27.67	27.49	27.35	27.23	27.05	26.87	26.69	26.60	26.50	26.41	26.32	26.22	26.13
4	21.20	18.00	16.69	15.98	15.52	15.21	14.98	14.80	14.66	14.55	14.37	24.20	14.02	13.93	13.84	13.75	13.65	13.56	13.46
5	16.26	13.27	12.06	11.39	10.97	10.67	10.46	10.29	10.16	10.05	9.89	9.72	9.55	9.47	9.38	9.29	9.20	9.11	9.02
6	13.75	10.93	9.78	9.15	8.75	8.47	8.26	8.10	7.98	7.87	7.72	7.56	7.40	7.31	7.23	7.14	7.06	6.97	6.88
7	12.25	9.55	8.45	7.85	7.46	7.19	6.99	6.84	6.72	6.62	6.47	6.31	6.16	6.07	5.99	5.91	5.82	5.74	5.65
8	11.26	8.65	7.59	7.01	6.63	6.37	6.18	6.03	5.91	5.81	5.67	5.52	5.36	5.28	5.20	5.12	5.03	4.95	4.86
9	10.56	8.02	6.99	6.42	6.06	5.80	5.61	5.47	5.35	5.26	5.11	4.96	4.81	4.73	4.65	4.57	4.48	4.40	4.31

续附表 5

$\alpha = 0.01$

m\n	1	2	3	4	5	6	7	8	9	10	12	15	20	24	30	40	60	120	∞
10	10.04	7.56	6.55	5.99	5.64	5.39	5.20	5.06	4.94	4.85	4.71	4.56	4.41	4.33	4.25	4.17	4.08	4.00	3.91
11	9.65	7.21	6.22	5.67	5.32	5.07	4.89	4.74	4.63	4.54	4.40	4.25	4.10	4.02	3.94	3.86	3.78	3.69	3.60
12	9.33	6.93	5.95	5.41	5.06	4.82	4.64	4.50	4.39	4.30	4.16	4.01	3.86	3.78	3.70	3.62	3.54	3.45	3.36
13	9.07	6.70	5.74	5.21	4.86	4.62	4.44	4.30	4.19	4.10	3.96	3.82	3.66	3.59	3.51	3.43	3.34	3.25	3.17
14	8.86	6.51	5.56	5.04	4.69	4.46	4.28	4.14	4.03	3.94	3.80	3.66	3.51	3.43	3.35	3.27	3.18	3.09	3.00
15	8.68	6.36	5.42	4.89	4.56	4.32	4.14	4.00	3.89	3.80	3.67	3.52	3.37	3.29	3.21	3.13	3.05	2.96	2.87
16	8.53	6.23	5.29	4.77	4.44	4.20	4.03	3.89	3.78	3.69	3.55	3.41	3.26	3.18	3.10	3.02	2.93	2.84	2.75
17	8.40	6.11	5.18	4.67	4.34	4.10	3.93	3.79	3.68	3.59	3.46	3.31	3.16	3.08	3.00	2.92	2.83	2.75	2.65
18	8.29	6.01	5.09	4.58	4.25	4.01	3.84	3.71	3.60	3.51	3.37	3.23	3.08	3.00	2.92	2.84	2.75	2.66	2.57
19	8.18	5.93	5.01	4.50	4.17	3.94	3.77	3.63	3.52	3.43	3.30	3.15	3.00	2.92	2.84	2.76	2.67	2.58	2.49
20	8.10	5.85	4.94	4.43	4.10	3.87	3.70	3.56	3.46	3.37	3.23	3.09	2.94	2.86	2.78	2.69	2.61	2.52	2.42
21	8.02	5.78	4.87	4.37	4.04	3.81	3.64	3.51	3.40	3.31	3.17	3.03	2.88	2.80	2.72	2.64	2.55	2.46	2.36
22	7.95	5.72	4.82	4.31	3.99	3.76	3.59	3.45	3.35	3.26	3.12	2.98	2.83	2.75	2.67	2.58	2.50	2.40	2.31
23	7.88	5.66	4.76	4.26	3.94	3.71	3.54	3.41	3.30	3.21	3.07	2.93	2.78	2.70	2.62	2.54	2.45	2.35	2.26
24	7.82	5.61	4.72	4.22	3.90	3.67	3.50	3.36	3.26	3.17	3.03	2.89	2.74	2.66	2.58	2.49	2.40	2.31	2.21
25	7.77	5.57	4.68	4.18	3.85	3.63	3.46	3.32	3.22	3.13	2.99	2.85	2.70	2.62	2.54	2.45	2.36	2.27	2.17
26	7.72	5.53	4.64	4.14	3.82	3.59	3.42	3.29	3.18	3.09	2.96	2.81	2.66	2.58	2.50	2.42	2.33	2.23	2.13
27	7.68	5.49	4.60	4.11	3.78	3.56	3.39	3.26	3.15	3.06	2.93	2.78	2.63	2.55	2.47	2.38	2.29	2.20	2.10
28	7.64	5.45	4.57	4.07	3.75	3.53	3.36	3.23	3.12	3.03	2.90	2.75	2.60	2.52	2.44	2.35	2.26	2.17	2.06
29	7.60	5.42	4.54	4.04	3.73	3.50	3.33	3.20	3.09	3.00	2.87	2.73	2.57	2.49	2.41	2.33	2.23	2.14	2.03
30	7.56	5.39	4.51	4.02	3.70	3.47	3.30	3.17	3.07	2.98	2.84	2.70	2.55	2.47	2.39	2.30	2.21	2.11	2.01
40	7.31	5.18	4.31	3.83	3.51	3.29	3.12	2.99	2.89	2.80	2.66	2.52	2.37	2.29	2.20	2.11	2.02	1.92	1.80
60	7.08	4.98	4.13	3.65	3.34	3.12	2.95	2.82	2.72	2.63	2.50	2.35	2.20	2.12	2.03	1.94	1.84	1.73	1.60
120	6.85	4.79	3.95	3.48	3.17	2.96	2.79	2.66	2.56	2.47	2.34	2.19	2.03	1.95	1.86	1.76	1.66	1.53	1.38
∞	6.63	4.61	3.78	3.32	3.02	2.80	2.64	2.51	2.41	2.32	2.18	2.04	1.88	1.79	1.70	1.59	1.47	1.32	1.00

续附表 5

$\alpha = 0.005$

m\n	1	2	3	4	5	6	7	8	9	10	12	15	20	24	30	40	60	120	∞
1	16211	20000	21615	22500	23056	23437	23715	23925	24091	24224	24426	24630	24836	24940	25044	25148	35253	25359	25465
2	198.5	199.0	199.2	199.2	199.3	199.3	199.4	199.4	199.4	199.4	199.4	199.4	199.4	199.5	199.5	199.5	199.5	199.5	199.5
3	55.55	49.80	47.47	46.19	45.39	44.84	44.43	44.13	43.88	43.69	43.39	43.08	42.78	42.62	42.47	42.31	42.15	41.99	41.83
4	31.33	26.28	24.26	23.15	22.46	21.97	21.62	21.35	21.14	20.97	20.70	20.44	20.17	20.03	19.89	19.75	19.61	19.47	19.32
5	22.78	18.31	16.53	15.56	14.94	14.51	14.20	13.96	13.77	13.62	13.38	13.15	12.90	12.78	12.66	12.53	12.40	12.27	12.14
6	18.63	14.54	12.92	12.03	11.46	11.07	10.79	10.57	10.39	10.25	10.03	9.81	9.59	9.47	9.36	9.24	9.12	9.00	8.88
7	16.24	12.40	10.88	10.05	9.52	9.16	8.89	8.68	8.51	8.38	8.18	7.97	7.75	7.65	7.53	7.42	7.31	7.19	7.08
8	14.69	11.04	9.60	8.81	8.30	7.95	7.69	7.50	7.34	7.21	7.01	6.81	6.61	6.50	6.40	6.29	6.18	6.06	5.95
9	13.61	10.11	8.72	7.96	7.47	7.13	6.88	6.69	6.54	6.42	6.23	6.03	5.83	5.73	5.62	5.52	5.41	5.30	5.19
10	12.83	9.43	8.08	7.34	6.87	6.54	6.30	6.12	5.97	5.85	5.66	5.47	5.27	5.17	5.07	4.97	4.86	4.75	4.64
11	12.23	8.91	7.60	6.88	6.42	6.10	5.86	5.68	5.54	5.42	5.24	5.05	4.86	4.76	4.65	4.55	4.44	4.34	4.23
12	11.75	8.51	7.23	6.52	6.07	5.76	5.52	5.35	5.20	5.09	4.91	4.72	4.53	4.43	4.33	4.23	4.12	4.01	3.90
13	11.37	8.19	6.93	6.23	5.79	5.48	5.25	5.08	4.94	4.82	4.64	4.46	4.27	4.17	4.07	3.97	3.87	3.76	3.65
14	11.06	7.92	6.68	6.00	5.56	5.26	5.03	4.86	4.72	4.60	4.43	4.25	4.06	3.96	3.86	3.76	3.66	3.55	3.44
15	10.80	7.70	6.48	5.80	5.37	5.07	4.85	4.67	4.54	4.42	4.25	4.07	3.88	3.79	3.69	3.58	3.48	3.37	3.26
16	10.58	7.51	6.30	5.64	5.21	4.91	4.69	4.52	4.38	4.27	4.10	3.92	3.73	3.64	3.54	3.44	3.33	3.22	3.11
17	10.38	7.35	6.16	5.50	5.07	4.78	4.56	4.39	4.25	4.14	3.97	3.79	3.61	3.51	3.41	3.31	3.21	3.10	2.98
18	10.22	7.21	6.03	5.37	4.96	4.66	4.44	4.28	4.14	4.03	3.86	3.68	3.50	3.40	3.30	3.20	3.10	2.99	2.87
19	10.07	7.09	5.92	5.27	4.85	4.56	4.34	4.18	4.04	3.93	3.76	3.59	3.40	3.31	3.21	3.11	3.00	2.89	2.78
20	9.94	6.99	5.82	5.17	4.76	4.47	4.26	4.09	3.96	3.85	3.68	3.50	3.32	3.22	3.12	3.02	2.92	2.81	2.69
21	9.83	6.89	5.73	5.09	4.68	4.39	4.18	4.01	3.88	3.77	3.60	3.43	3.24	3.15	3.05	2.95	2.84	2.73	2.61
22	9.73	6.81	5.65	5.02	4.61	4.32	4.11	3.94	3.81	3.70	3.54	3.36	3.18	3.08	2.98	2.88	2.77	2.66	2.55
23	9.63	6.73	5.58	4.95	4.54	4.26	4.05	3.88	3.75	3.64	3.47	3.30	3.12	3.02	2.92	2.82	2.71	2.60	2.48
24	9.55	6.66	5.52	4.89	4.49	4.20	3.99	3.83	3.69	3.59	3.42	3.25	3.06	2.97	2.87	2.77	2.66	2.55	2.43

续附表 5

$\alpha = 0.005$

n \ m	1	2	3	4	5	6	7	8	9	10	12	15	20	24	30	40	60	120	∞
25	9.48	6.60	5.46	4.84	4.43	4.15	3.94	3.78	3.64	3.54	3.37	3.20	3.01	2.92	2.82	2.72	2.61	2.50	2.38
26	9.41	6.54	5.41	4.79	4.38	4.10	3.89	3.73	3.60	3.49	3.33	3.15	2.97	2.87	2.77	2.67	2.56	2.45	2.33
27	9.34	6.49	5.36	4.74	4.34	4.06	3.85	3.69	3.56	3.45	3.28	3.11	2.93	2.83	2.73	2.63	2.52	2.41	2.29
28	9.28	6.44	5.32	4.70	4.30	4.02	3.81	3.65	3.52	3.41	3.25	3.07	2.89	2.79	2.69	2.59	2.48	2.37	2.25
29	9.23	6.40	5.28	4.66	4.26	3.98	3.77	3.61	3.48	3.38	3.21	3.04	2.86	2.76	2.66	2.56	2.45	2.33	2.21
30	9.18	6.35	5.24	4.62	4.23	3.95	3.74	3.58	3.45	3.34	3.18	3.01	2.82	2.73	2.63	2.52	2.42	2.30	2.18
40	8.83	6.07	4.98	4.37	3.99	3.71	3.51	3.35	3.22	3.12	2.95	2.78	2.60	2.50	2.40	2.30	2.18	2.06	1.93
60	8.49	5.79	4.73	4.14	3.76	3.49	3.29	3.13	3.01	2.90	2.74	2.57	2.39	2.29	2.19	2.08	1.96	1.83	1.69
120	8.18	5.54	4.50	3.92	3.55	3.28	3.09	2.93	2.81	2.71	2.54	2.37	2.19	2.09	1.98	1.87	1.75	1.61	1.43
∞	7.88	5.30	4.28	3.72	3.35	3.09	2.90	2.74	2.62	2.52	2.36	2.19	2.00	1.90	1.79	1.67	1.53	1.36	1.00

$\alpha = 0.001$

n \ m	1	2	3	4	5	6	7	8	9	10	12	15	20	24	30	40	60	120	∞
1	4053+	5000+	5404+	5625+	5764+	5859+	5929+	5981+	6023+	6056+	6107+	6158+	6209+	6235+	6261+	6287+	6313+	6340+	6366+
2	998.5	999.0	999.2	999.2	999.3	999.3	999.4	999.4	999.4	999.4	999.4	999.4	999.4	999.5	999.5	999.5	999.5	999.5	999.5
3	167.0	148.5	141.1	137.1	134.6	132.8	131.6	130.6	129.9	129.2	128.3	127.4	126.4	125.9	125.4	125.0	124.5	124.0	123.5
4	74.14	61.25	56.18	53.44	51.71	50.53	49.66	49.00	48.47	48.05	47.41	46.76	46.10	45.77	45.43	45.09	44.75	44.40	44.05
5	47.18	37.12	33.20	31.09	29.75	28.84	28.16	27.64	27.24	26.92	26.42	25.91	25.39	25.14	24.87	24.60	24.33	24.06	23.79
6	35.51	27.00	23.70	21.92	20.81	20.03	19.46	19.03	18.69	18.41	17.99	17.56	17.12	16.89	16.67	16.44	16.21	15.99	15.75
7	29.25	21.69	18.77	17.19	16.21	15.52	15.02	14.63	14.33	14.08	13.71	13.32	12.93	12.73	12.53	12.33	12.12	11.91	11.70
8	25.42	18.49	15.83	14.39	13.49	12.86	12.40	12.04	11.77	11.54	11.19	10.84	10.48	10.30	10.11	9.92	9.73	9.53	9.33
9	22.86	16.39	13.90	12.56	11.71	11.13	10.70	10.37	10.11	9.89	9.57	9.24	8.90	8.72	8.55	8.37	8.19	8.00	7.80

+: 表示要将所列数乘以 100。

续附表 5

$\alpha = 0.001$

n \ m	1	2	3	4	5	6	7	8	9	10	12	15	20	24	30	40	60	120	∞
10	21.04	14.91	12.55	11.28	10.48	9.92	9.52	9.20	8.96	8.75	8.45	8.13	7.80	7.64	7.47	7.30	7.12	6.94	6.76
11	19.69	13.81	11.56	10.35	9.58	9.05	8.66	8.35	8.12	7.92	7.63	7.32	7.01	6.85	6.68	6.52	6.35	6.17	6.00
12	18.64	12.97	10.80	9.63	8.89	8.38	8.00	7.71	7.48	7.29	7.00	6.71	6.40	6.25	6.09	5.93	5.76	5.59	5.42
13	17.81	12.31	10.21	9.07	8.35	7.86	7.49	7.21	6.98	6.80	6.52	6.23	5.93	5.78	5.63	5.47	5.30	5.14	4.97
14	17.14	11.78	9.73	8.62	7.92	7.43	7.08	6.80	6.58	6.40	6.13	5.85	5.56	5.41	5.25	5.10	4.94	4.77	4.60
15	16.59	11.34	9.34	8.25	7.57	7.09	6.74	6.47	6.26	6.08	5.81	5.54	5.25	5.10	4.95	4.80	4.64	4.47	4.31
16	16.12	10.97	9.00	7.94	7.27	6.81	6.46	6.19	5.98	5.81	5.55	5.27	4.99	4.85	4.70	4.54	4.39	4.23	4.06
17	15.72	10.66	8.73	7.68	7.02	6.56	6.22	5.96	5.75	5.58	5.32	5.05	4.78	4.63	4.48	4.33	4.18	4.02	3.85
18	15.38	10.39	8.49	7.46	6.81	6.35	6.02	5.76	5.56	5.39	5.13	4.87	4.59	4.45	4.30	4.15	4.00	3.84	3.67
19	15.08	10.16	8.28	7.26	6.62	6.18	5.85	5.59	5.39	5.22	4.97	4.70	4.43	4.29	4.14	3.99	3.84	3.68	3.51
20	14.82	9.95	8.10	7.10	6.46	6.02	5.69	5.44	5.24	5.08	4.82	4.56	4.29	4.15	4.00	3.86	3.70	3.54	3.38
21	14.59	9.77	7.94	6.95	6.32	5.88	5.56	5.31	5.11	4.95	4.70	4.44	4.17	4.03	3.88	3.74	3.58	3.42	3.26
22	14.38	9.61	7.80	6.81	6.19	5.76	5.44	5.19	4.98	4.83	4.58	4.33	4.06	3.92	3.78	3.63	3.48	3.32	3.15
23	14.19	9.47	7.67	6.69	6.08	5.65	5.33	5.09	4.89	4.73	4.48	4.23	3.96	3.82	3.68	3.53	3.38	3.22	3.05
24	14.03	9.34	7.55	6.59	5.98	5.55	5.23	4.99	4.80	4.64	4.39	4.14	3.87	3.74	3.59	3.45	3.29	3.14	2.97
25	13.88	9.22	7.45	6.49	5.88	5.46	5.15	4.91	4.71	4.56	4.31	4.06	3.79	3.66	3.52	3.37	3.22	3.06	2.89
26	13.74	9.12	7.36	6.41	5.80	5.38	5.07	4.83	4.64	4.48	4.24	3.99	3.72	3.59	3.44	3.30	3.15	2.99	2.82
27	13.61	9.02	7.27	6.33	5.73	5.31	5.00	4.76	4.57	4.41	4.17	3.92	3.66	3.52	3.38	3.23	3.08	2.92	2.75
28	13.50	8.93	7.19	6.25	5.66	5.24	4.93	4.69	4.50	4.35	4.11	3.86	3.60	3.46	3.32	3.18	3.02	2.86	2.69
29	13.39	8.85	7.12	6.19	5.59	5.18	4.87	4.64	4.45	4.29	4.05	3.80	3.54	3.41	3.27	3.12	2.97	2.81	2.64
30	13.29	8.77	7.05	6.12	5.53	5.12	4.82	4.58	4.39	14.24	4.00	3.75	3.49	3.36	3.22	3.07	2.92	2.76	2.59
40	12.61	8.25	6.60	5.70	5.13	4.73	4.44	4.21	4.02	3.87	3.64	3.40	3.15	3.01	2.87	2.73	2.57	2.41	2.23
60	11.97	7.76	6.17	5.31	4.76	4.37	4.09	3.87	3.69	3.54	3.31	3.08	2.83	2.69	2.55	2.41	2.25	2.08	1.89
120	11.38	7.32	5.79	4.95	4.42	4.04	3.77	3.55	3.38	3.24	3.02	2.78	2.53	2.40	2.26	2.11	1.95	1.76	1.54
∞	10.83	6.91	5.42	4.62	4.10	3.74	3.47	3.27	3.10	2.96	2.74	2.51	2.27	2.13	1.99	1.84	1.66	1.45	1.00

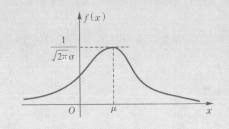

参考文献

[1] 魏宗舒. 概率论与数理统计教程[M]. 北京:高等教育出版社,1983.

[2] 茆诗松,程依明,濮晓龙. 概率论与数理统计教程[M]. 北京:高等教育出版社,2004.

[3] 孙国正,杜先能. 概率论与数理统计[M]. 合肥:安徽大学出版社,2004.

[4] 同济大学数学系. 概率论与数理统计[M]. 北京:人民邮电出版社,2017.

[5] 贾俊平. 统计学基础[M]. 北京:中国人民大学出版社,2010.

[6] 何书元. 数理统计[M]. 北京:高等教育出版社,2012.

[7] 邓光明,何宝珠,刘筱萍,贾贞. 概率论与数理统计[M]. 上海:上海交通大学出版社,2017.

[8] 哈金才,秦传东,范亚静. 概率论与数理统计[M]. 长春:吉林大学出版社,2017.

[9] 李长青,张野芳. 概率论与数理统计[M]. 上海:同济大学出版社,2015.

[10] 董毅,李声锋. 概率论与数理统计(理工类)(第 2 版)[M]. 合肥:安徽大学出版社,2018.